软件研发
效能提升之美

吴骏龙　茹炳晟　著

電子工業出版社·
Publishing House of Electronics Industry
北京·BEIJING

内 容 简 介

本书汇聚了行业前沿的研发效能提升实践与案例，同时提炼出大量方法论和经验反思，以诙谐、幽默而又不失严谨、详实的风格，多角度、全方位覆盖研发效能领域的核心知识，深入浅出，发人深思。

全书采用从概要到细节、从方法论到案例、理论联系实际的写作思路。第 1 章和第 2 章通览研发效能的概念与背景，并对研发效能进行由浅入深的解读；第 3 章以敏捷开发为主线，讲述项目管理中的提效实践；第 4 章介绍了行业流行的 DevOps 实践，并衍生讲解了目前流行的 DevSecOps、AIOps、DevPerfOps，以及混沌工程等内容；第 5 章和第 6 章立足于工具建设，详细介绍了流量回放、精准测试、服务虚拟化，以及 AI 在研发效能提升中的应用等 12 个大大小小的工具、系统与设计理念；第 7 章介绍了组织效能提升的多种手段，同时给出作者从实践中总结的大量经验和误区；第 8 章为案例篇，通过对四家不同形态企业的研发效能提升的实战讲解，帮助读者举一反三、融会贯通。

本书适合 IT 行业的各类从业人群，无论是技术人员、项目经理、产品经理，还是团队管理人员；无论是初入 IT 行业的新人，还是资深专家和高层管理者，都能从本书中得到启发。

图书在版编目（CIP）数据

软件研发效能提升之美 / 吴骏龙，茹炳晟著. —北京：电子工业出版社，2021.10
ISBN 978-7-121-42167-9

Ⅰ．①软… Ⅱ．①吴… ②茹… Ⅲ．①软件开发 Ⅳ．①TP311.52

中国版本图书馆 CIP 数据核字（2021）第 202182 号

责任编辑：董　英
印　　刷：三河市鑫金马印装有限公司
装　　订：三河市鑫金马印装有限公司
出版发行：电子工业出版社
　　　　　北京市海淀区万寿路 173 信箱　　　邮编：100036
开　　本：720×1000　　1/16　　印张：21　　字数：369.6 千字
版　　次：2021 年 10 月第 1 版
印　　次：2021 年 10 月第 1 次印刷
定　　价：89.00 元

凡所购买电子工业出版社图书有缺损问题，请向购买书店调换。若书店售缺，请与本社发行部联系，联系及邮购电话：（010）88254888，88258888。

质量投诉请发邮件至 zlts@phei.com.cn，盗版侵权举报请发邮件至 dbqq@phei.com.cn。

本书咨询联系方式：（010）51260888-819，faq@phei.com.cn。

对本书的赞誉

研发效能是目前互联网企业和传统的软件企业都高度关注的领域，随着软件规模和复杂度的不断增长，传统的基于人海战术的软件研发模式已经落伍，我们迫切需要从研发模式、研发流程、研发工具体系等方面来提升工程团队的内在能力，将"业务价值交付"和"质量效能提升"的增长飞轮运转起来的同时，提升工程师的"幸福感"。俗话说得好："说的人应该去做，做的人应该来说"，本书恰恰是由"做的人"写成的书，其中充满了作者对研发效能的精彩见解。本书所呈现的全局视野和工程实践，必定可以帮助读者站在更高的角度来审视和思考"研发效能提升之美"。

——卢山，腾讯技术工程事业群总裁

作为互联网行业的从业者，我们比以往任何时候都需要创新。我个人的观点是，未来创新的驱动有两大特点，一是基础技术划时代的突破，二是研发效能的提升。研发效能的提升，需要通过缩短"猜想到验证"的距离来赢得革新的先机，也就是本书中提到的"快鱼吃慢鱼"的理念。因此，研发模式的改革和研发效能的提升，将会推动行业的快速变革。研发效能是关于多人组织协同效率的课题，在现代基础设施、架构理论和 AI 算法的加持下，研发效能的内容也从敏捷方法论快速进化到非常具体的工具、流程和指标系统。

本书的可贵之处在于很好地贯通了理论和实践，不但全面深入地阐释了研发效能的精髓，对实际项目中遇到的常见问题给出了解决方案，而且对工具和技术的选择也给出了建议，书中列举的案例都很有代表性，既有理论高度，也有很强的参考价值。

——曾宇，腾讯副总裁

在建设国民级支付工具的过程中，我们将研发效能定义为：在保证质量的前提下，尽可能高效地持续交付价值。为此，我们重新审视整个软件生产流程（需求、设计、开发、测试、部署、发布、运营），在不增加成本和保证质量的前提下，提升各个步骤的标准化、自动化、系统化和一致性水平，并不断优化团队的交付效率，这种思路在一定程度上与本书的理念不谋而和。

在本书中，作者全面介绍了何为研发效能、如何建设可度量的研发管理体系、如何将 DevOps 落地、如何构建测试体系、如何提升组织效能，同时给出了很多实践案例。

如果你也是一位正致力于软件研发效能提升的读者，相信本书可以给你一些帮助。

——周俊，腾讯微信支付研发部总经理

研发效能在硅谷一直是高科技企业之间相互竞争的有力武器。在国内，随着市场和产品的逐渐成熟，许多大厂也开始重视研发效能的提升。但是研发效能就如同莎士比亚笔下的哈姆雷特，一千个人眼中有一千个哈姆雷特。由于业务形态的不同，在研发效能提升的过程中所需要做的工作也不尽相同。读者可以结合自己在工作中遇到的实际问题，找到一套真正适用的解决方案。

——Joseph Cui，腾讯 PCG 工程效能平台部总经理

作者茹炳晟先后就职于腾讯技术工程事业群（TEG）和微信事业群（WXG），从事研发效能工作，我在互动娱乐事业群（IEG）做蓝鲸智云，蓝鲸中的 DevOps 流水线平台（蓝盾）服务于整个

腾讯公司，因此我算是作者就职过的不同腾讯团队的研发效能平台提供方之一，在阅读本书的过程中时不时会有被教育的感觉，但讲得都很有道理。

如果你身处于业务开发团队，那么读完本书之后，你会对研发效能提升的必要性和方法有一些新的认知，对于已经在实施效能提升的项目，项目的参与方或许会有更深刻的感触。

如果你身处于公共支撑团队（工具平台团队、测试团队或运维团队），那么读完本书之后，你对自己未来的服务角色及自身价值会有一些新的思考和灵感。

研发效能已经是行业中业务研发团队公认的方向性领域，在企业的市场竞争中越来越重要，强烈推荐读者阅读本书。

——党受辉，腾讯 IEG 技术运营部助理总经理

近年来，软件研发效能提升的流行度可以从效能平台类开源产品和项目的增长中窥见一斑，它需要专业方法的指导，以输出优质的软件资产。本书从方法论到实践，系统化地总结了组织效能提升的手段，使读者能全面掌握研发效能提升的精髓。

——单致豪，腾讯开源联盟主席

云原生是应用程序开发的未来，具有巨大的业务影响潜力，能够快速有效地将需求转化为产品，将高研发效能变成标配，以应付云原生的刚需，即业务需求响应快、研发交付快等。阅读本书，可以让你了解相关知识，从而更好地应对云原生催生下的研发效能的大变革。

——Keith Chan，Linux 基金会亚太区策略总监，CNCF（云原生计算基金会）大中华区总监

天下武功，唯快不破。研发效能决定了你能有多"快"。环顾四周众多头部大厂，一如 eBay 早已把提升研发效能作为公司层面的战略重点。知易行难，要想完成真正意义上的研发效能的提升，不仅需要方法、认知，更需要完善的体系，才能让来之不易的成果得以延续和扩大。适闻吴骏龙和茹炳晟的新作《软件研发效能提升之美》问世，欣喜地发现，两位作者对研发效能提升在思维认知层面、方法论层面，乃至体系构架层面，都有深刻的见解和全面的阐述。相见恨晚，又恰逢其时。

——田卫，eBay 全球副总裁，eBay 中国研发中心总经理

茹炳晟老师是业内公认的效能大师，本书更是茹老师的"交心"之作，正如茹老师所说，研发效能必然会走向"从有到无"的最高境界。"敏稳"之争由来已久，但对企业而言，需要的是效能，而非派系。希望通过阅读本书，读者能够从无谓的纷争中摆脱出来，掌握解决问题的方法。

——付晓岩，IBM 副合伙人，《银行数字化转型》和《聚合架构》的作者

本书是一本介绍如何提升企业研发效能的图书，由浅入深地介绍了研发效能的概念、方法论、流程、工具、组织、案例等内容。

针对研发效能领域的初学者和初级工作者，本书从不同维度全面阐述了研发效能的概念和本质，以及如何提升研发效能的理念、实践和探索，分别从敏捷项目管理、CICD、DevOps、组织效能等几方面详细介绍了如何提升研发效能；针对研发效能领域的高级工作人员，本书提供了很多研发效能的进阶内容及相应的案例，以实战的方式来指导企业提升研发效能。此外，还介绍了DevSecOps、全链路压测、AIOps、混沌工程等前沿内容。

——汪维敏，华为云应用平台领域副总裁

所有 CEO 都渴望"银弹",所有 CTO 都说没有"银弹"。是不是真的没有能大幅提升研发效率的秘密武器呢?每个业务成功(卓越)的企业都会历经"苦难"(融资、人才、融合等),类似的,每个技术成功(卓越)的研发组织更会历经"苦难"(质量、效率、融合等)。很多已形成一定规模的技术组织,不是因为资金太少、人才太少、选择(框架/工具/流程/规范等)太少而没有"银弹",而是因为选择(选项/组合)太多而导致整个团队无所适从,乱了方寸。本书结合作者经历过的各种"苦难",不以实现终极完美"银弹"为目标,既切合当前纷繁复杂的研发领域的现状,又给读者提供了一定的抽象参考,是对研发效能各种知识的一次细致梳理和总结,值得那些正受困于研发效能提升之痛的技术组织大胆尝试。

——张雪峰,饿了么前 CTO,数学&历史爱好者

软件开发怎样才能更高效?回顾我二十多年开发的经历,总结如下:第一,让程序员分析在开发和部署的流程中效率不高的环节,想办法提高效率;第二,不但要提高使用工具的能力,还要提高用工具来制造工具的能力。这两个高效软件开发的秘诀,是每个软件开发团队必读、必练、必会的,很高兴这本书剖析了这些秘诀。

——邹欣,CSDN 副总裁,《编程之美》和《构建之法》的作者

高效能的研发是每个公司都追求的目标,但是能实现这一目标的公司少之又少。原因是,很多公司往往在研发流程及个别环节的优化上下功夫,却忽略了研发效能提升是一个系统性的工程。这个工程本身并不简单,有很多问题需要解决,而且也没有标准的解决方案,需要根据自身的实际情况做选择。我们不妨在自己动手之前,看看别人是怎么做的。本书除了阐述一些研发效能的理论,还详细描述了研发效能体系在落地过程中可能遇到的问题、相应的解决思路及最佳实践,可以说是一本"干货满满"的图书。

——兰建刚,叮咚买菜平台技术副总裁

在 VUCA(易变性、不定性、复杂性、模糊性)时代,一切都很模糊且易变,这就要求软件研发既有足够高的适应性,又有足够快的反应力。所以,众多软件企业都提出了提升研发效能的目标。不幸的是,许多从业人员对研发效能的概念缺乏清晰的认知,更不要说如何在本企业因地制宜地开展研发效能提升了。本书作者在这个领域深耕多年,多次在业内有影响力的技术峰会上分享成果与经验,广受好评。本书是这些成果与经验的汇总和总结,相信对广大读者(无论是菜鸟还是老兵)会有所帮助。

——刘寅,科大讯飞技术中心副总经理,集团技术委员会委员

软件研发效能提升是当今行业的热点,从来没有被如此重视过。原因是,数字化转型带来了前所未有的软件开发工作量。软件开发在经历了 60 年的发展之后,终于迎来了规模化和工程化的阶段。本书全方位地解读了研发效能的各个环节,包括理论基础、工具建设和文化建设。不同于传统的软件工程理论教学类书,本书详细地分析了当今常见的实践案例和误区,适用于各种规模团队的效能建设。

——张海龙,腾讯云 CODING CEO

我在几个外企的中国研发中心干了二十多年,印象中听到最多的一句话就是:唯一不变的就是变化。从组织架构的调整,到开发团队的局部优化;从整个开发流程的更迭,到个别工具的替换,等等。在这些变化的背后,是不断提升的研发效率和产品质量。近年来,我投身于数据中心相关的

软硬件产品的开发工作,虽然 ToB 的业务不一定能完全复制互联网的开发模式,但诸如 CI/CD 等提升效能的实践也在不断地影响着传统的国际大厂的研发实践。茹炳晟老师的经验优势在于,他在国际和国内大厂的研发团队中历练过,在传统模式和互联网模式下都有很多打磨,能够博采众长,并不断吸收总结行业教训,每每和他讨论,都感觉获益匪浅。本书干货满满,应该能够成为互联网企业及传统软件企业提升研发效能的重要参考!

——陈春曦,Dell EMC 中国研发集团 (上海)总经理

软件研发兼具工程和艺术的"二象性"。看到本书题目,即被作者的独特视角所吸引。在众多拥有软件研发团队的企业中,研发效能提升已经从幕后走向台前,如何理解、实践及欣赏研发效能提升中的智慧,是每位开发者和技术管理者都应该关注的问题,也都可以在本书中找到答案。

——任晶磊,思码逸 CEO,开源研发大数据平台 Dev Lake 创始人

交付,是技术团队的核心职责之一,如何持续地提升技术团队的交付效能,是每一个技术管理者必须考虑的问题。感谢茹炳晟老师的新作,能够帮助大家系统性地了解从组织、管理、流程、工具、研发体系、质量体系、运维体系中提升效能的方法。建议所有软件研发人员和技术管理者都读一读本书,一定会受益匪浅。

——沈剑,快狗打车 CTO,公众号"架构师之路"作者

如今研发效能提升成为一个被频繁提及的话题。在互联网时代,有很多创新甚至试错,人们对效率的要求越来越高,包括自动化的工具、先进的组织形式及良好的开发者体验。很多公司相继成立了研发效能提升的部门,这个部门为技术团队提供了有力支撑。大家都在摸索着前行,目前很少有图书对研发效能提升做系统地介绍。炳晟兄一直活跃在工程效能的相关领域,除了在腾讯负责这方面工作,还经常在业界布道,有很多实践的沉淀和经验的积累。因此,特别推荐大家阅读本书,助力自己团队的研发效能体系建设。

——王东,满帮集团 CTO

研发效能的高低决定了软件团队产出能力的水平,作为技术管理者和数字化项目管理工具的创业者,研发效能是我非常关注的内容,这关乎软件团队乃至公司的可持续发展。本书全面、系统地介绍了软件团队研发效能相关的方方面面,特别指出了效能提升的常见误区,并给出了若干最佳实践案例,相信能为遇到效能提升问题的读者们带来帮助。

——冯斌,ONES 联合创始人&CTO

在互联网的下半场,研发效能是一个频频被提及的概念。随着外部流量增长的红利逐渐消失,企业开始精细化运营,向内部寻找增长是一个必然的趋势。如何能让团队更好地提高研发效能,是许多团队管理者的重要任务。

然而,对复杂的软件生产而言,并没有简单的"增长银弹"可以直接使用。我们需要从认知、组织、流程、工具等方方面面进行了解和改变,才能真正做好研发效能的提升和优化。因此,我们需要对研发效能提升有一个系统性的了解。

本书从不同的角度对研发效能提升进行了详细的介绍,既有系统性的概括和分析,又有具体的工具和案例,相信会使读者受益匪浅。

——陈东,数禾科技 CTO

每次去星巴克，总能看到咖啡馆的座位上，几位同学指着 MacBook 屏幕眉飞色舞地描述着宏伟的项目蓝图。虽然很多 idea 都是很赞的，但却极少有同学会聊到如何通过软件工程实践来高效地实现这些 idea。之前我也没有办法帮助他们，直到几年前我认识了茹炳晟老师。如果今天我再遇到靠谱的 idea 时，我会毫不犹豫地把《软件研发效能提升之美》推荐给 TA。

——朱斌，字节跳动 Lark Design 上海研发中心设计负责人

从 IT 时代走向 DT 时代的今天，企业的创新和发展越来越依赖于数字化能力，数字化能力背后的研发效能已成为企业的重要竞争力。当下，不论是一线互联网企业还是传统企业，都在探索研发效能升级之路，作者正是结合了自身工作实践和新技术新思路的研究经验积累，系统化地阐述了研发效能提升的理念、方法、技术、工具及行业实践案例，可为读者、为企业提供新的思路和启发。

——童庭坚，PerfMa 联合创始人

炳晟在我们极客时间 App 上主持了一个《软件测试 52 讲》专栏，超过 20000 人订阅学习，用户反响很热烈。研发效能提升也是炳晟的专长，这本书让我欣赏的地方是，它不仅提供了提升研发效能的具体工具，还提出了多个新的理念，让团队成员尤其是领导者能够从新的视角来理解团队和组织团队，从而达到团队状态整体优化的目的。希望这本书能帮助更多的研发团队提升战斗力，推动企业在激烈的商业竞争中，更快一步地实现自己的目标。

——霍太稳，极客邦科技创始人兼 CEO，InfoQ 中国创始人

互联网产业的快速发展，为我们今天的数字化研发奠定了人才和技术的基础，越来越多的技术组织开始思考技术生产力的变革，从粗放到精细化，从传统到敏捷，从本地到云化，技术研发各个环节面临全面提升，以满足持续、高效的业务目标。茹炳晟老师的《软件研发效能提升之美》将为我们带来研发效能提升的实践案例解读、管理策略和具体做法，希望给予那些正致力于提升技术团队生产力的管理者一些启示和帮助。

——刘付强，msup 创始人兼 CEO，微上信息技术研究院院长

吴骏龙和茹炳晟都是极客时间的专栏作者，他们的专栏课程深受用户欢迎。在我看来，他们讲课，是有节奏、有计划地娓娓道来，而不是一股脑地和盘托出；他们讲课，喜欢探究技术背后的"why"，而那一连串的"why"，便是我们所说的"脉络"。

——郭蕾，极客时间首席内容官

我们正处于"软件定义未来"的新时代，软件与我们的工作和生活息息相关，并且无处不在，这标志着软件将成为未来世界的关键元素之一，也必将成为企业提升核心竞争力的"杀手锏"，就像书中提到的，现在的软件行业已不是停留在"大鱼吃小鱼"的时代了，而是进入"快鱼吃慢鱼"的时代，所以如何科学有效地建立企业的研发效能度量体系，帮助企业提升研发效能，愈发成为企业关注的重点。本书从方法论、实践案例、提升建议等方面，向我们阐释了企业组织如何提升研发效能的精要，是非常值得一读的好书。

——牛晓玲，中国信通院云计算与大数据研究所治理与审计部副主任

软件研发效能提升已经成为 IT 和互联网行业的热门话题，各大企业都热衷于通过过程改进、研发工具、度量指标等各种手段提升研发效能。软件研发效能提升是一个系统工程，需要有正确的"价值观"和敏锐的"全局观"。炳晟的新作《软件研发效能提升之美》正是帮助软件企业建立研发

效能管理的"价值观"和"全局观"的绝佳参考。同时,书中的观点也为软件开发数据分析方面的研究和实践指明了方向。

——彭鑫,复旦大学计算机科学技术学院副院长、软件学院副院长、教授、博士生导师

过去,人们在关注质量和效率时,往往会通过流程改进来控制质量,借助平台和工具来提升效率,但效果不明显。现在,人们更关注效能,将质量和效率融合在一起,从价值出发,系统地研究研发过程,希望能持续、高效地向客户交付高价值的产品。本书正是基于研发效能背后的人性和规律,从项目管理、研发工具、持续交付平台和实践等各个方面展开讨论,既有解决方案,又有最佳实践,相信能帮助你的团队提升效能。

——朱少民,同济大学特聘教授,《敏捷测试》和《全程软件测试》的作者

软件,尤其是大型的复杂软件,是人类智慧的工程结晶。然而,从工程质量和工程效率等方面看,软件工程可能是做得最差的工程学科之一。《人月神话》告诉我们,向进度落后的项目中增加人手,只会使进度更加落后。提升软件研发效能是令研发负责人头疼但又必须面对的问题。本书分享了作者多年的研发效能管理经验和实践案例。通过流程和工具的规范,尽可能避免人为因素对研发效能的影响。本书具有很强的适应性,能够帮助读者举一反三,满足不同类型企业的研发管理需要。

——陈振宇,南京大学软件学院教授,慕测科技创始人

各行各业都存在效能问题。对软件企业来说,产出是软件产品,研发效能甚至可以决定一家公司的兴盛衰亡;对高等院校来说,产出是人才,其效能提升可以定义为构建教学"新基建"、培养高质量人才。所以,本书金句——"顺畅、高质量地持续交付有效价值的闭环",不仅在软件行业适用,而且可以推广到其他领域,这便是作者想带给我们的"美"吧。读这本书,既轻松流畅又耐人寻味,透过平凡的案例,深入浅出效能提升背后的人性和规律,在流动的文字中带着我们一起实践、一起思考。未雨绸缪,持续改进,我们一直在路上。

——潘娅,西南科技大学计算机科学与技术学院副教授

对软件企业而言,关于研发效能的提升,是时候做些沉淀了。茹老师的团队走出了颇具意义的一步。近几年,效能建设鲜有取得系统性成功的,相反负面案例却不少,这可能源于以下几个突出矛盾:对效能提升有很高的预期,但能力的提升却依赖于长期的积累;对顶层指标无比渴望,但难以被客观测量;改进方与推动方往往不一致。本书作者正视了这些问题,以务实的态度甄选切实可行的实践方案,带给大家能落地的具体指导,值得我们借鉴和学习。

——路宁,快手质量与研发效能部负责人

"反内卷"的潮流已经悄然而至,研发效能成为科技公司的核心竞争力。我们真心希望软件研发能够成为一个技术密集型产业,而不是劳动密集型产业,我们已经不能一味地依靠堆砌劳动时间来获得工作成果,只有切实提高工作效率才是良药。研发效能要解决的问题,包括工程师个人生产力的问题,也包括产品和团队效能的问题,当然还包括最终提升整个企业的组织绩效的问题。研发效能的提升是一个复杂的学科和系统性的工程,涉及组织、流程、工具、文化等多个层面。本书通

过从概要到细节、从方法论到案例、从理论到实际的方式来阐述研发效能的方方面面，相信对试图在该领域有所突破的实践者会有很大帮助。

——张乐，京东 DevOps 与研发效能产品总监&首席架构师，DevOpsDays 大会中国区核心组织者

企业的竞争归根到底是效能之争。软件企业的效能（包括质量、效率、成本、安全等）贯穿在软件生命周期的整个流程中，涉及软件项目的需求、设计、编码、测试、发布、运营和反馈等各阶段，也涉及制度标准、流程规范、工具平台、评审体系和问题追踪等治理环节，并且与组织文化、管理模式和人才技能等都有关联。"让每一个角色都能独立工作"，是企业不断要追逐的目标。对此，本书提供了理论指导和操作指南，以及丰富的案例，值得细细品读。

——吴其敏，平安银行零售首席架构师

创新与降本增效是任何企业赖以生存的两大法宝，很多企业把"增效"仅仅定义为与企业内部组织流程和研发工具相关的改进，从而低估了互联网时代背景下，业务的快速试错和创新对企业获得竞争优势的巨大增益作用。作者在书中提出了一个非常重要的观点：研发效能提升成功的标准，不是研发平台本身的成功，而是客户的成功。为了实现"客户的成功"，我们不仅要有体系化的工具和方法论做支撑，更需要管理者彻底转变思维模式。这是读本书最大的收获。

——王磊（玉攻），Apache 软件基金会 PMC 成员，蚂蚁集团资深技术专家

效能这个词最近经常出现在大家的视野里，工程效能也好，研发效能也罢，无不体现出大家对它的重视程度。虽然不是"银弹"，但它的确能为大家的工作和生活带来切实的改善。

《软件研发效能提升之美》并不是一本漂浮于空中楼阁之上的指南，其中的内容不仅理论结合实际，还融合了很多一线公司正在探索并应用的前沿实践案例。如果你正在寻求这方面的破局之道，相信一定能从本书中有所收获。

——丁雪丰，极客时间《玩转 Spring 全家桶》主理人，腾讯云最具价值专家

在数字化转型的浪潮下，不断加速的企业变革诉求，让研发组织面临愈来愈严峻的挑战。本书聚焦于当前 IT 研发领域的痛点，以通俗易懂的语言，系统性地从组织、流程、工具等不同维度提出了持续提升研发效能的切实可行的原则、方法及度量标准。本书对希望从自身实际出发，构建持续、快速、稳定交付价值能力的研发组织或个人具有很好的学习和参考价值。

——李鑫，天弘基金线上渠道技术负责人，《微服务治理：体系、架构及实践》作者

"降本增效"在很多成熟行业都是例行的管理手段，然而作为数字化世界底座的软件产业却面临着这方面的困境。时下大部分企业仍然在壮大自己的软件研发队伍，似乎更重要的问题是如何招聘专家，通过高手来以一当十。当团队规模突破邓巴数后，现实很快会让我们意识到管理的重要性。

从这个视角出发，本书恰逢其时，在软件研发效能提升方面，我们只有积极探索、勇于创新，才能让软件产业走向可持续的高质量发展。作者针对效能提出的"持续"和"闭环"的理念，是软件研发的核心原则，也是效能管理的难点所在。

和本书作者们一样，我也相信敏捷理念是软件研发领域打造高效能团队的正确方向，不论是DevOps、DevSecOps，还是书中的 AIOps，都只是我们将这一理念落地实施的开始。由此也与更多的读者共勉！

——肖然，Thoughtworks 全球数字化转型专家，中国敏捷教练企业联盟秘书长

随着软件规模的极速增大，许多公司已经把软件研发效能的提升提到了非常重要的位置。本书以理论结合实践的方式，深入浅出地阐述了研发效能的各个方面，是一本很好的案头参考书。

——刘冉，Thoughtworks 首席软件测试与质量咨询师

研发效能提升是一个常提常新的概念及实践，近年来，随着云原生及数字化转型浪潮的兴起，研发效能引起了广泛的关注，但相关体系化的图书比较少见。从项目管理、DevOps、工具到度量体系，等等，本书较为全面地阐述了软件全生命周期的研发效能提升之道，其中诸多方面不乏作者的真知灼见，可供业界同仁参考和借鉴。

——萧田国，DAOPS 基金会中国区董事，高效运维社区发起人

提高研发效能是所有软件研发组织的"终极"追求，那么该如何提高呢？从敏捷项目管理到DevOps，从各种测试手段到测试环境和测试数据的管理，从团队效能提升到组织效能提升，本书是一系列务实、可落地的方法的集大成者。书中自有黄金屋，愿读者收获多多！

——董越，资深 DevOps 专家，阿里研发效能事业部前架构师

本书既有研发效能整体效果的思考，也有各个领域的一些详细阐述，既有工具流程方面的建设，也有组织层面的思考，同时配以大量案例分析，具有很强的实用价值，是研发效能方向非常具有指导意义的一本书。

——芈崐，快手移动端效能负责人

"有超过六成的程序员是从网络上学习如何编码的。年轻的程序员倾向于利用在线课程、论坛和其他在线资源学习。此外，年长的程序员则通过学校和书本等更传统的媒介学习。"这是一份来自 Stack Overflow（2021 年）的调查报告。而你手上正拿着的这本书，用词精简，没有长篇大论，像极了网络文章的平白直叙，直接射中目标，又有着引经据典的描述说明，让你看完后，不用再去到处参照，是非常优秀的学习资源。现在，DevOps 的风潮让企业开始忙于追求可视化的效能，网络上也不断出现各种评比，但效能的意义到底是什么？难道我们费尽辛苦写出来的程序就是为了能更快速交付而已吗？当然不是。书中给出了明确的答案："顺畅、高质量地持续交付有效价值的闭环"，这才是研发效能的第一性原理，也就是最基本的条件。因此，实现用户的价值比快速交付更重要。愿与大家共勉之。

——李智桦，知名精益产品布道师，资深敏捷教练

本书给读者呈现了研发效能的全貌，既包含高屋建瓴的思考，使读者能知其然并知其所以然，又包含可落地的实践，真正做到了"不空洞、有干货，照着做、你也行"。通过本书，能让读者正确认识研发效能的概念，参透研发效能的本质。

——王争，Google 前工程师，《数据结构与算法之美》作者

从持续流动到持续反馈，再到持续改进，研发效能提升已经从简单的自动化反馈回到了精益管理的阶段。软件研发不是凭感觉工作的，而是规范的、科学的、可度量的。如果你正在从事与 DevOps 相关的技术架构体系建设，并进一步准备开始构建研发效能体系，那么这本书将是你迈出这一步的关键之钥。

——陈霁，阿里研发效能事业部认证架构师

前 言

研发效能的那些事

研发效能是目前互联网企业和传统软件企业都高度关注的领域，头部大厂希望通过研发效能的提升，实现持续高效的产品交付，以应对日趋复杂的业务需求；而腰部厂商则希望通过研发效能的提升，实现弯道超车，充分发挥后来者居上的优势；还有更多中小型企业目睹国内互联网大厂对研发效能的重点投入，纷纷摩拳擦掌、跃跃欲试。一夜之间，似乎只有提升了研发效能，才能让企业在与竞争对手的较量中不落下风。

另外，一个火爆的概念背后，必然伴随着大量的偏见与纠葛。我们何尝不希望通过研发效能的提升，将软件生产力推向一个完美的顶峰，但事与愿违，不少研发效能实践最终都走进了困局，人们一度自嘲"只要努力搞，没有研发效能折腾不跨的团队"。种种乱象不禁让我们反思，研发效能究竟是神器，还是玄学？

微软现任 CEO 萨提亚·纳德拉说过这样一段话：

"There cannot be a more important thing for an engineer, for a product team, than to work on the systems that drive our productivity. So I would, any day of the week, trade off features for our own productivity."

"对工程师和产品团队来说，没有比构建一个能够提升研发效能的体系更重要的事了。为了提升研发效能，我愿意随时舍弃某些功能的交付。"

这段话将"研发效能 First"的理念体现得淋漓尽致。

我们应当承认，时代已然改变，无论从互联网微创新的百花齐放来看，还是从全球市场发展的导向来看，"快鱼吃慢鱼"已经成为主流，大公司庞大的组织规模原先在市场竞争中占尽优势，如今却反而成为一种负担，小公司的快速反应和适应变化的能力成为击败大公司的"钥匙"。在这个背景下，研发效能甚至可以决定一家公司的兴盛衰亡。于是，各大公司争相投入研发效能提升，也就不足为奇了。

做好研发效能提升是不容易的，我们需要的不仅仅是前沿技术的加持，更重要的是理念的更新换代和优秀实践的传承。而这些，正是本书所希望带给读者的核心价值。我们不仅会告诉你"怎么做"，还会告诉你这么做的"缘由和故事"，呈现所有人都能学得会且带得走的研发效能实践。这样，也许若干年后，你重读本书，依然能够时读时新，有全新的收获。

本书结构

本书共分为 8 章，采用从概要到细节、从方法论到案例、理论联系实际的写作思路。

第 1 章和第 2 章主要对研发效能进行了由浅入深的解读，讲述了研发效能提升的基础思路和最佳实践，以及研发效能背后的人性和规律，同时对研发效能的未来进行了展望。

第 3 章聚焦于项目管理中的效能提升手段，以敏捷开发为主线，从多个角度、全方位剖析了项目管理中的提效方法和难点。

第 4 章聚焦于 DevOps 这一研发效能提升的重要实践，衍生并讲解了目前流行的 DevSecOps、AIOps、DevPerfOps，以及混沌工程等内容，浓缩了目前业界 DevOps 的主流实践。

第 5 章和第 6 章立足于交付"干货"，总共介绍了 12 个大大小小的工具、系统和设计理念，帮助读者深入理解这些工具的建设过程，以及工具建设背后的考量。

第 7 章主要讲解了组织效能的提升手段，我们尽可能输出多种不同的组织建设思路和观点，同时总结和归纳出最佳实践和误区，帮助读者举一反三，灵活应用到自己的团队建设中。

第 8 章为案例篇，通过对四种形态迥异的公司的实践案例解读，多角度、全方位地呈现给读者研发效能提升的不同落地思路和做法。

虽然本书各章节相对独立，但我们依然建议读者按顺序阅读每个章节，以便循序渐进地了解研发效能的全貌与精髓。

致谢

最后，感谢所有致力于软件研发效能提升的同行们，本书中的不少实践案例和思路都来源于你们杰出的工作成果，在此表示衷心的感谢！

限于作者水平有限，文中难免存在纰漏之处，恳请广大读者批评指正。

吴骏龙　茹炳晟

2021 年秋

读者服务

- 微信扫码回复：42167

- 加入本书读者交流群，与作者互动

- 获取【百场业界大咖直播合集】（持续更新），仅需 1 元

目　录

第 1 章

软件研发效能概论

现代的软件行业已经不再是以前"大鱼吃小鱼"的时代了，而是转变成了"快鱼吃慢鱼"的时代。对于很多大型传统软件企业，原本"大"是其优势，现在却陷入了"大船难掉头"的尴尬。对大量小而美的互联网软件项目，当创意和细分领域被确认之后，各大友商比拼的就是研发能力，具体来讲就是从需求转化成软件或者服务的能力，这其中研发效能的高低对需求转化速率起到了至关重要的作用。同时，如何有效降低研发和运维的成本也是研发效能需要关注的重要课题，尤其是大型互联网项目，当某个环节哪怕只有少量优化的时候，由于其规模效应（比如集群规模、用户流量等）的放大作用，最终节省的成本也会是相当可观的。所有这些，都是我们致力于提升研发效能的意义所在。

1.1　到底什么是研发效能

与敏捷的概念类似，到底什么是研发效能很难精确定义。其实很多复杂的概念也不是定义出来的，而是逐步演化出来的，是先有现象再找到合适的表述。要理解这类复杂的概念，最好的方法是厘清发展脉络，回到历史中，回到诞生的时间，漫步一遍它的发展历程，才能真正理解其本质。

效率和效能从来都不是软件工程的专有名词，纵观人类发展史，就是生产力和效率不断提升的发展篇章。原始社会，人类一路刀耕火种，初步具备了使用工具的能力，工具对生产效率的提升远远超过了人力，是人类发展的第一个重大里程碑。从 18 世纪 60 年代开始的三次工业革命给人类带来的生产力飞跃，究其实质也是在大幅度提升能源的利用率（转化率）。

第一次工业革命，蒸汽机的发明实现了机械化的生产，取代了纯人力劳动工作，效率大大提高。

第二次工业革命，人类进入"电气时代"，以煤炭直接转化的机械能源变为以石油为主的机械能源，以及煤炭转化为电能后的应用，能量的利用效率又提升了几倍。

第三次工业革命，以原子能、电子计算机、空间技术和生物工程的发明和应用为主要标志。原子能的效率是惊人的，1 公斤核燃料所释放的能量相当于 2500 吨煤或 2000 吨石油燃料所释放的能量。

我们正在致力研究的可控核聚变，很有可能将带来生产力的又一次飞跃。由此可见，每一次效率的提升都能带来生产力的巨大提升，继而推动人类发展的步伐。

在计算机领域，我们也见证了超大规模集成电路的演进（计算的效率提升），互联网的发展（信息传输的效率和广度提升），人工智能的发展（逻辑思维的效率提升），等等。这些效率提升给计算机发展带来了质的飞跃，我们已经很难想象再回到用纸条打孔编程、用 3.15 英寸软盘存储、用电子管模拟信号的时代了。

见证了人类生产力的发展过程后，我们回到研发效能的话题，下面先通过几个案例，直观地感受一下"研发效能提升之美"。

1.1.1　研发效能提升案例 1：前端代码的自动生成

我们在做产品原型设计的时候，都需要借助产品原型工具来实现产品 GUI 界面的设计，以此作为沟通的基础去开展后续的工作。但即使我们已经拥有类似 Axure 和 Modao 等原型工具，但是"画界面"的成本依然很高。这里介绍一种可以将图片 GUI 设计稿，甚至是手画 GUI 设计稿转化成目标平台代码的一键自动化生成方案。

这种自动化生成方案的具体过程是这样的：首先，我们手绘出 GUI 界面的草稿；然后，通过 Sketch2Code 可以直接将这份草稿转换成目标平台的代码，如果我们指定的目标平台是 Web，那么代码格式就是 HTML，如果我们指定的目标平台是 iOS，那么代码就以 XCode 项目的形式呈现；最后，完成编译打包，就可以直接在 iPhone 上安装执行了。这种方式的引入将大幅提升原型构建环节的效率。

1.1.2　研发效能提升案例 2：临界参数下的 API 测试

我们经常会遇到 API 输入参数的临界值没有被程序妥善处理的情况，比如某个 API 的输入参数是 String 类型，但是代码实现中没有考虑 String 变量取值为 NULL 的情况，那么一旦程序执行时对该 API 的调用传入了 NULL 值，程序就会出现异常甚至崩溃的情况。这类问题通常在 API 集成测试或者联调阶段才会被发现，此时再去优化处理逻辑的成本通常都会比较高，而且优化后还要考虑回归测试的成本。

因此，我们考虑引入一种机制，通过工具或脚本去主动检测 API 输入参数的类型，然后根据不同的类型生成相应的容易出错的临界值，我们用这些临界值作为测试数据去自动调用 API。如果 API 返回预期外的异常或错误（如 HTTP-500 错误），那就说明这个 API 没有妥善处理我们传入的临界值。

例如，当工具或脚本识别到某 API 的输入参数是 String 类型的时候，就可以生成 NULL、超长的字符串、包含非英语字符的字符串、SQL 注入字符串等一系列临界值，将其作为测试数据去检测程序潜在的问题。

进一步的，我们可以将这个机制与 CI 流水线集成，在 CI 执行过程中主动执行临界参数下的 API 测试，以求问题更早地被暴露，如图 1.1 所示。

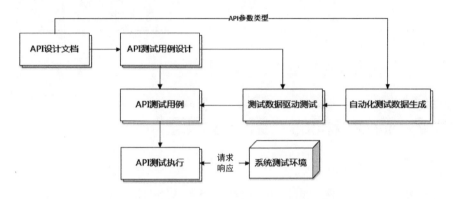

图 1.1 临界参数下的 API 测试与流水线集成

1.1.3 研发效能提升案例 3：基于流程优化的效能提升

上面两个案例都是由技术主导的，接下来这个案例是由流程主导的。图 1.2 展示了厨师做三明治的过程，（a）中由于各个食材摆放没有特定的顺序，所以厨师必须不断来回走动才能完成任务，而（b）中食材按使用顺序摆放，厨师可以站在原地轻松地完成三明治的制作，大大节省了不必要的走动时间，从而大幅度提升了效率。由此可见，效率的提升既可以由技术来驱动，也可以由流程来驱动。

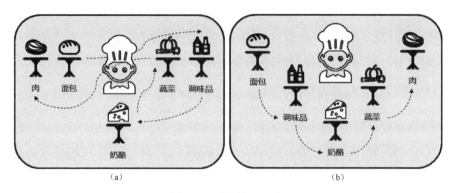

图 1.2　厨师做三明治

1.2　研发效能的"第一性原理"

看完上面的案例，想必读者已经对研发效能的提升有了一个非常感性的认识。接下来，我们看一下研发效能的"第一性原理"。如果要用一句话来总结研发效能，那么就是"顺畅、高质量地持续交付有效价值的闭环"。解释一下其中几个关键概念：

- 顺畅：价值的流动过程必须顺畅，没有阻碍。

- 高质量：如果质量不行，那么流动越快，死得也会越快。

- 持续：不能时断时续，小步快跑才是正道，不要憋大招。

- 有效价值：这是从需求层面来说的，你的交付物是不是真正解决了用户的本质问题。比如："女生减肥不是本质问题，女生爱美才是"。读者可以体会一下。

- 闭环：强调快速反馈的重要性。

在这个概念的引导下，我们引出五个持续（持续开发、持续集成、持续测试、持续交付和持续运维），它们是研发效能落地的必要实践。与此同时，我们还需要从流动速度、长期质量、客户价值及数据驱动四个维度来对研发效能进行有效的度量。

1.3　研发效能的另一种解读

前面我们从概念层面描述了研发效能，也许有点教条，下面我们用通俗的例子，换一个角度再来解读一下研发效能。

我们谈到的第一个例子被称为"方轮子"效应，想象一下，有一位老板在向前拉动一辆方轮子的车，还有一名员工在后面帮着使劲推车。老板关注的是大趋势和方向，是向前看的，很难发现车的轮子是方的，而推车的员工可能看到了方轮子，但是鉴于老板在向前使劲拉车，所以丝毫不敢停下脚步，只能硬着头皮使劲推车。边上或许有其他员工会提出换圆轮子的建议，但也很容易被无情地忽略。换个圆轮子的确需要额外的停顿，殊不知那是为了让这辆车在未来可以跑得更快、更久。我们会发现，这里的圆轮子其实就是研发效能。

再来看第二个例子，图 1.3 是我们根据事情的重要程度和紧迫程度切分而成的四个象限。这里我们只讨论 A 象限和 B 象限。A 象限是重要但不紧迫，通常是一些基础性的长期、重要的事情，比如抢占市场的新产品规划、基础设施建设、流程优化、人才培养等，这个象限可以戏称为"未雨绸缪象限"。B 象限是既重要又紧迫，通常是一些必须立刻处理的事情，比如系统故障、线上缺陷修复等，这个象限则可以戏称为"救火象限"。

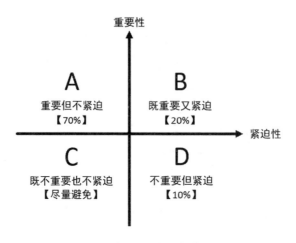

图 1.3 重要性和紧迫性象限图

理想情况下更多的时间占比应该放在"未雨绸缪象限",少量的时间用于"救火象限"。因为"未雨绸缪象限"做好后,"救火象限"事件的概率会变小。如果一个公司大部分时间在救火,通常说明这两个象限的时间分配失衡或者倒挂了,需要关注投资那些长期重要但不紧迫的事情。而对于软件研发而言,"未雨绸缪象限"中最重要的一环就是研发效能。

最后用一个更形象的例子做个比喻,相信大家都听过鹅生金蛋的故事。是不是鹅生的金蛋越多,效能就越高呢?其实不是,一味地让鹅全日无休地生金蛋,早晚会把鹅累死,这不是可持续的长远战略。真正的效能应该是让鹅生鹅,鹅再生鹅,让更多的鹅一起来下金蛋。

1.4 基于工具协作的研发效能提升

下面我们从软件开发、测试和发布的视角来看一下各个阶段研发效能提升需要关注的问题,其主线是围绕 CI/CD 的一些实践,如图 1.4 所示。

本地开发环境获取

- 自安装
- 挂盘一键安装
- All-in-One
- 云端IDE

本地开发与测试

- 精准代码提示
- 自动加载代码变更
- 本地代码静态检查
- 代码复杂度检查
- 本地单元测试
- 本地代码覆盖率
- 单元测试用例自动生成
- 本地局部集成测试

代码递交

- 分支模型
- 代码递交规范
- 代码同行评审

持续集成

- 增量静态代码检查
- 安全扫描
- 全局重复代码检查
- 分布式编译
- 全量单元测试
- 代码覆盖率
- 集成测试与环境准备

持续发布

- 制品库管理
- 并行灰度发布
- 生产环境冒烟测试
- A/B 测试

图 1.4 研发效能提升的关注点

其中，我们列举一些常见的可以提升研发效能的做法：

- 可以通过 All-in-One 的开发环境降低每位开发人员开发环境准备的时间成本，同时又能保证开发环境的一致性。更高级的方法是使用云端 IDE，实现只要有浏览器就能改代码。

- 可以借助基于 AI 的代码提示插件，大幅度提升 IDE 中代码的开发效率。同样输入一段代码，不借助 AI 代码提示插件，需要敲击键盘200 次，启用插件可能只需要敲击键盘 50 次。

- 代码的静态检查没有必要等到代码递交后由 CI 中的 Sonar 流程来发起，那个时候发现问题再修复为时已晚，完全可以通过 SonarLint 插件结合 IDE 实时发起本地的代码检查，有问题直接在 IDE 中提示，直接修复。

- 单元测试比较耗费时间，可以借助 EvoSuite 之类的工具降低单元测试的开发工作量。

- 对于规模较大的项目，每次修改后编译时间比较长。可以采用增量编译，甚至是分布式编译（Distcc 和 CCache）来提升效率。

- 前端开发可以借助 JRebel 和 Nodemon 之类的工具使前端开发预览的体验更流畅。

- 选择适合项目的代码分支策略对提升效率也大有帮助。

- 构建高度自动化的 CI 和 CD 流水线将大幅提升价值的流转速率。

- 选择合适的发布策略也会对效能和风险之间的平衡起到积极的作用。比如，架构相对简单，但是集群规模庞大，则优选金丝雀；如果架构比较复杂，但是集群规模不是太大，可能蓝绿发布更占优势。

实际工作中其实远远不止以上 9 种做法，读者也可以在工作中摸索出属于自己的研发效能提升工具链。

1.5　基于 MVP 原则构建研发效能的持续改进

从上面的描述我们可以看到，研发效能提升涉及的面很广，既有基于技术的，也有基于流程的，那么在实际工程实践中，我们又该如何来实现研发效能的提升呢？这里推荐用 MVP（Minimum Viable Product，最小化可行性产品）的思想来提升研发效能。

MVP 这个概念来自 Eric Rise 的《精益创业》一书，其核心思想是指以最低成本尽可能快地展现核心概念的产品策略，即用最快、最简明的方式建立一个可用的产品原型，这个原型要表达出产品最终想要的效果，然后通过迭代来完善细节。

这个思想特别适用于研发效能平台的建设，我们必须在识别出待解决的研发效能问题之后，给出最简单的解决方案，并在后面的实践中不断优化和迭代，如果我们试图关起门来打造一个研发效能平台，指望等所有功能都完美了，再推给业务团队使用，那必然是死路一条。

在这里特别指出一下 MVP 的常见误区：实现了某一个功能，但是暂时对客户没有实际价值，而要等后面功能出来后才能对客户有用，这种产品策略不是 MVP。MVP 追求的是"麻雀虽小五脏俱全"，也就是实现的功能点可以很小，可以比较简陋，但是对客户有价值是必需的。

因此，在研发效能这个领域，我们要保证我们所做的研发效能工具一定是能解决实际问题的。从产品的视角来看，研发平台本身和一般的软件产品没有本质的区别，也是需要不断迭代和持续改进的。

1.6　研发效能提升最佳实践的探索

笔者常会被问及这样的问题："你之前主导的研发效能提升项目都获得了成功，如果请你到我们公司来，几年可以帮助我们把研发效能做好？"这其实是一个无解的问题。从某种程度上说，投入大，周期就会短，但是实施周期不会因为投入无限大而无限变短。我们可以避开很多曾经踩过的坑，尽量少走弯路，但是适合自己的路还是要靠自己走出来的，拔苗助长只会损害长期利益。买了一辆跑车，你就能成为赛车手吗？鉴于此，笔者总结了八项实践建议，如图 1.5 所示，供读者参考。

图 1.5　研发效能提升的八项实践建议

1.6.1　从痛点入手

研发效能提升八项实践建议的第一项，是"从痛点入手"。很多时候，当我们手上拿着锤子的时候，看什么都像钉子。但是研发效能的提升恰好是反过来了，我们要先找到哪些是最碍眼的钉子，然后用体系化的方法论去打造合适的锤子。

所以在推行研发效能的早期阶段，我们通常会采用自下而上的策略，从一个个工程实践中的实际痛点（钉子）入手，从解决问题的角度打造研发效能提升的亮点，此时我们追求的是"短、平、快"，遵循的是将问题点逐个击破的原则。比如下面这些场景：

- 本地编译耗时长：提供增量编译和分布式编译能力。

- 本地测试困难，测试环境准备复杂且耗时长：基于 Kubernetes 的 Pod 提供一键搭建测试环境的能力。

- 自动化测试用例数量大，执行回归时间过长：采用并发测试用例执行机制，使用几百、几千台测试执行机并行执行用例，实现用硬件资源换时间。

- 自动化测试用例维护成本高：测试用例采用模块化和分层体系，实现低成本的自动化用例维护。

- 测试数据准备困难：引入统一的测试数据服务（Test Data Service）能力。

- 研发后期阶段，代码递交集中，缺陷井喷：推行测试左移策略，鼓励研发自测，遵循"谁开发、谁测试、谁上线、谁值班"的原则。

- 性能缺陷在研发后期发现，修复重测成本高居不下：从性能测试转变为性能工程，让性能融入软件研发的各个环节，而不是最后的一锤子买卖。

- 安全问题频现：将安全测试能力纳入研发的全生命周期，实现DevSecOps，而不是早期的 SDL（Security Development Lifecycle，安全开发生命周期）。

- 集群规模庞大，发布过程耗时过长：各个层级的并发部署能力，集群内节点的并发、集群间的并发等。

- 项目的过程数据都是后期集中填充，失去度量意义：项目的过程数据由工具自动填充，不再依赖工程师手工输入。比如，开发完成的时间不再依赖于开发人员手工填写，而是由 Jenkins 构建完成后自动填写，以保证所有过程数据的真实有效性，从而为后面的度量和改进提供可靠的信息输入。

1.6.2　从全局切入

第二项是"从全局切入"。很多时候我们会尝试去优化某个具体的环节，而忽略了全局优化的可能。

举个例子，我们去医院看病，在挂号时经常会出现排队半小时，而实际挂号可能就花费两分钟的情况，接下来很可能又是漫长的排队等待医生就诊，好不容易进入了诊室，可能问诊不到五分钟就又被要求去验血……整个过程中实际有效时间的占比很小。如果这个时候我们还试图去优化挂号本身的时间，而不去关注优化各个环节的等待时间，那显然是错误的方向。因此，效率的提升既要关注单个步骤的优化，也要专注减少步骤与步骤之间的无用等待。这一点体检中心就比公立医院做得好很多，我们很少会见到体检中心每个科室门口都大排长龙的情景，因为体检中心出于经济利益的考虑会关注吞吐量，会通过全局排队调度优化来实现更高的盈利。

回到软件研发领域，你会发现类似上面医院这种不合理的排队现象随处可见，比如软件缺陷的流转，软件需求的实现与交付，软件制品包发布等待，等等。这些也是提升研发效能需要重点关注的领域，需要从全局理清楚全流程，识别出等待浪费的时间，通过流程再造与优化实现全局效率的提升。

1.6.3　用户获益

对于研发效能的提升，有一点我们必须牢记，那就是成功的标准不是研发效能平台的成功，而是客户的成功。只有客户获益才是检验研发效能项目成功的唯一标准，下面我们再总结一些要点。

- 伪需求：伪需求是指研发效能团队自己臆想出来的需求，是属于典型的"手里拿着锤子，看什么都像钉子"的典型案例。那么如何识别伪需求呢？识别标准其实很简单，就看用户是不是愿意和你分摊成本，如果业务线已经开始做了，或者想要开始做，那就说明那是业务线的刚需，如果研发效能平台能帮助用户提供方案，那么研发效能平台的接入就是水到渠成的事情。笔者见过很多这类刚需的例子，比如微服务架构下集成测试环境的搭建就是其中的典型。

- 结构问题：著名商业顾问刘润说过"结构不对，什么都不对"。比如，两个和尚分粥的故事想必大家都听过，一碗粥两个和尚要均分，但是分粥的和尚总想多喝点粥，那怎么才能做到无监管情况下的公平呢？教育分粥的和尚说出家人"以少吃为怀"吗？显然一旦没有了监管，他就会给自己多分点，解决这个问题的最好办法就是一个和尚分粥，另一个和尚选粥——这个体制就决定了分粥的均匀性。

因此，好的策略是承认每个人都是自私的，但是我们制定的策略要能够在人人都是自私的基础上获得全局利益的最大化。如果全局利益最大化是建立在要求每个人都是大公无私的基础上，那就是失败的设计，因为这必然会导致失败。回到研发效能提升这个问题上，我们必须抱着"不是我们的研发效能平台有多好，而是业务线用了以后有什么提升"的态度来定位自己，才能从结构上获得成功的筹码。

- 服务意识：理解了上面的观点，再来理解服务意识就很容易了。在研发效能平台落地的过程中，我们需要和业务线互助以实现双赢，业务线收获现成可用的方案，研发效能平台收获最佳实践的沉淀，这些最佳实践的沉淀是至关重要的，为后期的批量成功复制提供了技术基础。

1.6.4　持续改进

持续改进是研发效能平台自身发展的必经之路。很多问题在开始时，我们的关注点是如何快速、简单地解决问题，但是当用户量和接入团队日益增长后，我们更需要关注解决方案的普适性和通用性。如果一开始就试图寻找完美的方案，那么必然会得不偿失。

比如，我们需要在 Jenkins 中通过 hook 机制去触发一些操作（比如代码静态扫描、单元测试等），最简单的做法就是在 hook 中实现操作的具体步骤，这种实现在开始时效率很高，也非常容易实现，但却不是最优的方案，因为 hook 中的代码只会被执行一次，而且 hook 越来越多以后，各种实现都散落在各个地方，难以维护，一旦有新的需要（比如要加入慢 SQL 扫描），就需要改 hook 实现，而且这种做法也违背了 IaC（Infrastructure as Code）原则。

更好的做法是引入研发效能的消息中心，通过下游操作的订阅模式来实现未来的可扩展性。但是，如果我们从一开始就创建消息中心，实现的难度和成本都会大增，业务线有可能就等不及这个方案，从而研发效能的提升就无法如期落地。所以我们认为，研发效能的落地可以采取"先圈地、后改进"的策略。

1.6.5　全局优化

研发效能提升的落地，光靠自下往上和光靠自上往下都是行不通的，而是应该双管齐下，"从两边往中间挤"才是切实可行的方案。

研发效能提升的初期，主要是靠"自下往上"的工程实践来实现各种痛点问题的各个击破，比如通过分布式编译来降低编译的时长，通过 AI 技术来自动生成单元测试的用例，通过分析代码递交历史自动推荐最合适的代码评审者等。通过这些专项的效率提升逐渐向管理层证明研发效能提升的实际价值，由此引起管理层对研发效能的重视，进而为管理层从上往下推进研发效能的提升打下基础。

随着研发效能实践逐渐进入深水区，单一领域效能提升的边际效应会逐渐递减，此时基于横向拉通的全局优化变得非常关键，自上往下的推动在此时将会起到关键的作用。很多横向跨部门的流程优化和整合必须借助管理层的力量才能有效地向前推进。

1.6.6 效能平台架构的灵活性

这里我们先来讲两个概念："唱戏的"和"搭台的"。刚开始做研发效能的时候，我们既是搭台的又是唱戏的，在研发效能平台（搭台）的基础上提供各业务线的解决方案（唱戏）。但是，当业务线的接入规模不断扩大的时候，各个垂直领域的多样化需求越来越多，我们已经很难应对各家的个性化非通用需求了（每家要唱的戏都不同）。此时，研发效能平台的开放能力就成为关键，它必须能够应对这种多样性，让业务线能够在平台上实现各自的个性化需求，所以研发效能平台本身的技术架构设计必须考虑可扩展性和灵活性。

比如，我们可以将 Jenkins 持续集成工具视为一个平台，在这个平台上支持安装各种插件，以增强平台功能，从而实现平台架构的灵活性。

1.6.7 杜绝"掩耳盗铃"

"掩耳盗铃"是我们在落地研发效能过程中经常会犯的错误。下面给出了一些研发效能的"最差实践"，读者可以在心里默默数一数被砸中几条。

- 代码质量门禁 Sonar 设而不卡。

- 单元测试只是执行，不写断言 Assert。

- 代码覆盖率形同虚设。

- Peer Review 走过场。

- 代码递交过于随意。

- 监控超配，有报警但无人认领。

另一种掩耳盗铃的错误实践是普遍采用虚荣性指标来做度量效能，那么到底什么是虚荣性指标呢？虚荣性指标是指那些不能直接用来指导后续行动的指标，我们需要的是可以指导我们行动的可执行指标，可以参考以下内容。

- "接入 Sonar 的工程数"就是虚荣性指标，与之对应的可执行指标是"Sonar 问题的增长趋势"和"Sonar 问题的修复时长"。

- "系统用户数"就是虚荣性指标，与之对应的可执行指标是"DAU 单日活跃用户数"和"MAU 月活跃用户数"。

- "接入研发效能平台的项目数"就是虚荣性指标，与之对应的可执行指标是"百分之多少的项目使用过研发效能平台来完成开发测试和发布流程"。

总而言之，我们需要的是雪中送炭，而不是锦上添花。

1.6.8　吃自己的"狗粮"

最后一点，吃自己的"狗粮"，意为"做自己研发效能平台的第一个用户"，研发效能平台本身的研发流程必须通过自己的平台来执行，这样才能站在用户的角度看待自己的方案，才能和业务线用户"共情"。

如果我们作为效能工具平台的研发团队，自己都不用自己的工具平台来完成研发过程，就很难要求别人也来使用我们的研发效能平台。基于这项理念，我们始终践行的做法是，研发效能团队主持开发的产品和解决方案，自己必须是第一个用户，同时我们自己必须认可其带来的价值，只有这样才能站在用户的视角来客观地评价我们的产品和方案，不至于出现"王婆卖瓜自卖自夸"的现象。

1.7　研发效能的发展方向与未来展望

关于研发效能的未来发展方向，笔者觉得有以下几方面值得关注：

- 研发各个环节的全链路横向打通。

CI/CD 和测试不再是一个个独立的环节，而是你中有我、我中有你的交叉集成。软件研发从需求开始到最终线上交付采用一站式的研发效能平台，实现统一的研发工具和流程。

- 研发全流程的可视化。

研发流程的可视化在后期一定会成为行业的标配，通过流程的可视化，可以展示各个需求的进展情况，让各级管理者和一线工程师清楚地知道项目目前所处的状态。

- "稳态"和"敏态"齐头并进。

研发效能的提升并不一定都要绑定到敏捷开发实践上，事实上，对于那些需求明确并且稳定的项目，传统的瀑布模型依然是最佳的选择，此时采用"稳态"实践才是获得最佳效率的途径。只有那些需求变更频繁的项目才是践行敏捷实践的最佳选择。因此，敏捷对传统瀑布而言并不是取代，而是互补，"稳态"和"敏态"会在长时期内和谐共存。

- 研发能力的中台化沉淀。

研发各阶段的垂直能力必然会沉淀到中台，以统一服务化的形式对外提供服务。比如，代码覆盖率的统计能力会统一到一个单一的服务中，为各个语言的业务提供代码覆盖率的统计；再如，分布式编译加速的能力也会成为企业级的服务，为各种大型项目提供编译加速。

- 数据驱动下的效能提升。

以后的决策一定会基于数据来开展。效能提升实践的效果衡量也会高度依赖于数据。研发效能数据中台的建设必定会被提上日程，通过收集存储研发各阶段的各种过程数据，实现基于研发效能大数据平台的决策体系。

研发效能必然会走向"从有到无"的最高境界，今天我们都谈论研发效能是因为这个领域还有很多事情需要去做，等研发效能的理念和实践深入人心，并且融入研发的各个环节中时，我们就不会再特意强调研发效能了，因为研发效能已经无处不在，让我们一起期待这一天的早日到来。

1.8　总结

在"快鱼吃慢鱼"的时代下，谁能够更快地交付高质量的产品，谁就能够在激烈的市场竞争中占得先机。研发效能的提升，是提高企业竞争力的重要手段。

- 现代的软件行业已经不再是以前"大鱼吃小鱼"的时代了，而是转变成了"快鱼吃慢鱼"的时代。

- 效率的提升既可以由技术来驱动，也可以由流程来驱动。

- 理想情况下更多的时间占比应该放在"未雨绸缪象限"，少量的时间用于"救火象限"。

- 在研发效能这个领域，我们要保证我们所做的研发效能工具一定是能解决实际问题的。

- 需要从全局厘清全流程，识别出等待浪费的时间，通过流程再造与优化实现全局效率的提升。

- 对于研发效能的提升，有一点我们必须牢记，那就是成功的标准不是研发效能平台的成功，而是用户的成功。

- 研发效能的落地可以遵循"先圈地、后改进"的策略。

- 做自己研发效能平台的第一个用户。

第 2 章

研发效能的进阶解读

研发效能是一个极其繁杂的问题，之所以繁杂，其本质还是软件开发工作的复杂性造成的。软件生产作为智力密集型活动，掺杂着大量人的因素，很难严格地标准化。此外，对软件生产过程的管理和实施也会遇到相同的难点，再加上软件行业的需求变化多，概念抽象等因素，复杂度呈指数级上升。

在 1986 年的 IFIPS 会议上，有一篇著名的论文《没有银弹：软件工程的根本和次要问题》[1]，预言了 10 年内没有任何编程技巧能够给软件的生产率带来数量级的提高，引起了极大的反响，甚至作者不得不在他的新版书籍中专门花了一章解释这个论断。可以看到，这些争议的背后是整个 IT 界对软件生产率和度量方法没有产生共识的一个缩影。对此，我们要做的不是消极等待某个魔术般的解决方案的出现，而是应该脚踏实地地进行探索、分析和实践。

软件质量和效能是密切相关的，在《人月神话》中，作者提出类似的观点：关注质量，生产率自然会随之提高。我们同样坚信，质量和效能是"既要、也要"的关系，效能的提升能够将软件研发中的风险更快、更及时地暴露出来，同时减轻人脑负担，反过来又能提升质量本身。

Martin Fowler 有一句名言——"If it hurts, do it more often"（提前并频繁地做让你感到痛苦的事）。体现在软件工程中就是，高频的工作能够带来更早的风险暴露，继而更好地保障质量，而高频的前提就是高效。可见，效能和质量是互为保障的两个环节。

另外，IT 界的研发提效和降本工作是急迫的。2020 年，新冠肺炎疫情给国民经济带来了巨大的冲击，大量企业反思了过往的粗放式管理，开始重视效能，纷纷开源节流。与此形成对比的是，我们在很长一段时间对研发效能的关注是不够的，这也引发过业界对"996"等工作模式的激烈讨论，甚至是论战。从整个行业的角度来说，我们迫切需要方法论的指导和推动，从而切实有效地提升研发效能。

2.1　研发效能与霍桑效应

在软件行业，研发效能的提升是每个组织都在努力追求的，因为它能带来更好的质量、更高的效率、更低的成本、更快的业务支撑、更准确的时间承诺、更合理的人员组织，等等。

另外，效能提升的一个大前提是建立合适的度量体系与标准，正所谓"If you can't measure it, you can't manage it"（无法度量就无法管理）。度量体系我们会在后面的章节着重展开，这里我们先来探讨一下在度量过程中经常会面对的一个社会心理学效应——霍桑效应。

2.1.1　霍桑效应

霍桑效应（Hawthorne Effect）起源于 1924 年至 1933 年间的一系列实验研究，霍桑实验最初的研究是探讨一系列控制条件（薪水、车间照明度、湿度、休息间隔等）对员工工作表现的影响。研究人员在研究过程中意外发现，各种实验处理对生产效率都有促进作用，甚至当控制条件回归初始状态时，促进作用仍然存在。这一现象发生在每一名实验者身上，对实验者整体而言，促进作用的结论也能成立[2]。

很显然，实验假设的各项条件并非是唯一的或决定性的生产效率影响因素。对此，实验的制定者及其助手们所做的解释是：实验者对新的实验处理会产生正向反应，即由于环境改变而改变行为，所以生产率的提高并非由实验操控造成的。这种现象就是我们所称的"霍桑效应"[2]。

2.1.2　霍桑效应的负面影响

在实际工作中，笔者曾做过一个失败的实验，失败的主要原因正是受到了霍桑效应的影响。当时，笔者的初衷是，希望通过实验的方式验证一些新的效能提升策略（如冒烟测试前置、精准测试等）的效果。在团队中，我们圈定一部分业务域的团队试用这些新策略，其余团队则维持原有的工作模式不变，经过一段时间后，统计各个团队的需求交付吞吐量（单位时间内交付需求的数量），并进行对比，从而得出结论。

理论上，我们期望看到试用新策略的团队，其需求交付吞吐量相比其他团队会有所提升，但实验的结果却令人大跌眼镜，所有团队的需求交付吞吐量都或多或少地提升了，甚至有的团队提升的幅度比尝试新策略的团队还大。这是因为我们的效能提升策略没有起到作用，还是有其他的因素呢？

后来我们发现，即便不进行任何策略改进，仅仅是定期通晒一下各团队的需求交付吞吐量的数据，也能起到一定的正面促进作用。这就是典型的霍桑效应的体现，当人们意识到自己正在被关注时，会不自觉地去改变自己的某种行为。团队知道自己正在被统计需求交付吞吐量数据，于是会更重视这方面的工作，从而促进了需求交付效率的提升。

霍桑效应会造成度量结果的偏差，降低信息价值，最终影响效能提升决策，那么怎么规避这些影响呢？比较好的办法是采用双盲实验法[3]，让实验者和对照者都不知道自己是在做实验。这种方式广泛应用在药物实验、产品营销等领域，能达到非常高的科学严格程度。在工程上，双盲实验有一定的代价，需要做到无侵入度量，并尽可能规避一切宣传手段，以免引起实验者的感知和互相交流，这在实践上比较难以做到。

另一种可以在一定程度上减轻霍桑效应的方法称为环境弱化法，尽可能弱化实验结果给实验者带来的影响，尽可能弱化环境变化、工具变化、流程变化等内容，不设定 KPI，避免不必要的访谈等工作。本质是淡化对实验者的心理暗示，减轻霍桑效应的影响。

2.1.3　霍桑效应的正面影响

在美国有一个霍桑工厂，虽然福利待遇不错，但是员工还是有很多抱怨，因而影响了生产。为此，著名心理学家梅奥在该厂组织开展了一系列实验课题，发现通过与员工谈话，让员工发泄出自己的不满，能使员工干劲倍增，大幅度提高生产效率。因此，霍桑效应又被称为"宣泄效应"。

霍桑效应虽然给度量带来了麻烦，但其正面意义依然是很重要的。类似于上述的霍桑实验，现代企业也不乏通过各种座谈会、复盘会、一对一面谈等形式对员工进行心理建设，其实质就是霍桑效应的一种应用，是对人性的重视。

霍桑效应给我们的启示是：渴望尊重和欣赏，是人性的需求之一。适度的关注和赞美能够产生强烈的心理暗示，继而带来效能的提升。

2.2 摩尔定律与反摩尔定律

研发效能的一个重要体现在于建立持续的价值交付的能力，促进业务的创新和成功，支撑高频"试错"。一般来说，交付的速度越快，价值就越高。在业界，有一套理论能够完整地支撑这项理念，即摩尔定律和反摩尔定律。

2.2.1 摩尔定律

著名的摩尔定律是由 Intel 创始人戈登·摩尔于 1965 年提出的，有如下三个版本：

- 集成电路芯片上所集成的电路的数目，每隔 18 个月就翻一番。

- 微处理器的性能每隔 18 个月提高一倍，而同期的价格下降一半。

- 用一美元所能买到的计算机性能，每隔 18 个月翻两番。

摩尔定律揭示了信息技术的进步速度，也预言了行业的发展。在摩尔定律发现后的长达 50 多年间，顺应摩尔定律的公司飞速发展，很多公司都成为业界先驱，而忽略它的公司则举步维艰，无法跟上时代发展的步伐。

2.2.2 反摩尔定律

与摩尔定律相对应的反摩尔定律，其实讲的是同一个现象，只不过是反过来说，它是由 Google 的前 CEO 埃里克·施密特提出的。其表述是这样的：一个 IT 公司今天要想和 18 个月前卖掉同样多、同样质量的产品，那么它的营业额就会下降一半。

一方面，反摩尔定律为所有的 IT 公司敲响了可怕的警钟，因为它一针见血地指出公司的收入随着时间失效的特点，即在后期一个公司花费同样的劳动只收到以前一半的收入，公司效益大幅缩水。反摩尔定律，逼迫各公司马不停蹄地跟进摩尔定律所规定的速度，否则就不得不面对被淘汰的危险[4]。

另一方面，反摩尔定律也具有使科技领域达成质的进步，并为新兴公司提供生存和发展的可能的功能。事物的发展轨迹大相径庭，IT 领域的技术进步也有量变和质变两种。每一种技术，无需经过很多年，量变的潜力就会被挖掘光，为了赶上摩尔定律预测的发展速度，光靠量变会显得有些单薄，这时就必须要有革命性的创造发明诞生。反摩尔定律在一定程度上给予了新兴公司在发展新技术方面和大公司处在同一个起跑线上的机会，甚至可能取代原有大公司的优势地位[5]。

2.2.3 反摩尔定律对研发效能的意义

反摩尔定律告诉我们，越迟交付的价值其价值越低。我们的目标是快速地交付高质量的产品，那么在研发效能上也应采取相应的手段进行支撑。下面通过一个例子来论述这一观点。

传统的瀑布模型是反"反摩尔定律"的，我们通常说"瀑布"是不敏捷的，因为瀑布开发模式把开发分成一系列阶段，包含需求、设计、开发、测试等工序，每个功能都需要经历这些阶段之后才能上线，如图 2.1 所示。

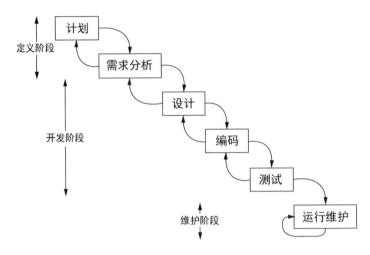

图 2.1　传统的瀑布模型

瀑布开发最大的问题在于，各阶段的划分是完整固定的、线性的，且粒度较粗，大批量的产品功能都需要经历整个周期后才能交付，且应对需求变化和风险的能力较弱，最终影响效能。

有一种有效的改进手段叫作迭代式开发，即把开发工作拆分成多个迭代，每个迭代交付一部分价值，更早的交付往往意味着更多的价值，如图 2.2 所示。就这一点来说，相对于瀑布开发，迭代式开发能做到更小批量的快速交付，从而更早获取更多价值。

敏捷开发将效能提升至另一个高度，也囊括了迭代式开发的一些优点，它是以人为核心的迭代式、循序渐进的开发方式。敏捷开发最大的目标之一就是更快地交付价值，这里的"快"指的不是绝对速度，而是更早地交付。

从软件开发模式的变迁，我们可以看到，其目的是希望尽快将有效且高质量的产品交付，以追赶摩尔定律的速度，抢占市场先机。

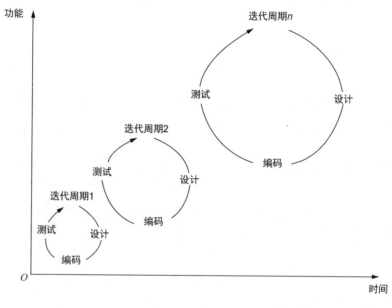

图 2.2   迭代式开发

2.3   不容忽视的沟通成本

在《人月神话》中有个著名的论断："向进度落后的项目中增加人手，只会使进度更加落后"。其中一个很大的原因是，新员工总是需要老员工进行指导，这其中就会产生看不见的沟通成本，这些沟通成本挤占了老员工原本的计划工作时间，造成在短期内无法提升项目进度。增加的人手越多，沟通成本所带来的影响越大。

上述论断涉及两个很重要的因素，即认知负荷和协同成本，其中协同成本往往更容易被忽视。在软件开发的生命周期中，充斥了大量沟通协调的工作，这些工作对研发效能的影响是巨大的。换言之，重视沟通的影响，提升沟通效率，对研发效能的帮助也是非常可观的。

2.3.1　信息熵

人与人之间的沟通,其实质是信息流的传递。1948 年,香农提出了"信息熵"的概念,解决了信息的量化度量问题,具有划时代的意义。

信息熵的公式非常简单:

$$信息熵= -\sum_{i=1}^{n} p_i \log_2 p_i$$

公式里出现的 pi 是指某信息出现的概率。假设我们这本书有 20 万字,其中"研发效能"这四个字出现了 1000 次,那么它出现的概率就是 1000/20 万=0.5%,把所有词语出现的概率都统计出来,用上面的信息熵公式来计算,就能得到这本书的信息熵。

通过信息熵公式,我们可以推导出很多有意思的结论。比如,对于同样的内容,语音输出的信息熵比文字输出的信息熵低很多。以中文为例,《现代汉语常用字典》统计有 3500 多个汉字,但是在语音输出时,同样声调的汉字是区分不出来的,这样折算下来其实只有 800 多个"语音字符", 通过公式推导发现,符号越少,信息熵越小,故语音输出的效率不高。

2.3.2　沟通信息熵衰减

在初步了解了信息熵的概念后,我们与工作实践结合进行思考。在日常工作中,沟通信息的传递过程会受到很多因素的影响,如果我们将人与人之间的沟通和网络通信传输做类比,会发现人的沟通也有带宽(语速和信息量）、丢包（没听清楚）、延迟（传输介质影响）、协议转换（不同语言）等因素，这些因素会削弱信息量和信息价值。

沟通信息熵衰减是无法忽视的，2020 年，新冠肺炎疫情迫使大量企业执行远程办公，很多没有"SOHO"（居家办公）经验的公司员工发现，远程办公的效率远没有现场办公高。其中有很多原因，但最重要的因素还是人与人无法面对面交流，对信息的传递速度、带宽、及时性造成了影响，信息熵衰减。

此外，在科技发展全球化的当下，国际化企业越来越多，沟通信息熵的衰减效应越发成为一个显著的问题。比如，日常工作中极有可能会遇到如下情况：

- 远程会议：信息的传递质量不佳、延迟大、看不到肢体语言等，造成信息熵衰减。

- 语言转换：各国语言或各地区方言的转换、翻译，造成信息熵衰减。

- 文化差异：尤其是不同国家之间的文化差异，也许在国内员工看来很平常的事，在外国同事的眼里会非常唐突。

- 时差：上海和波士顿的时区相差 12 个小时，基本上在上海白天办公的员工是无法联系到波士顿的员工的。

以上列举的因素都会造成信息熵衰减，但同时我们也要意识到，这些原因都是客观存在的，不能因噎废食。既然沟通信息熵衰减难以避免，那么我们就要想方设法将信息传递的效率提升上去，有效措施如下：

- 相关会议尽量聚集一处，如果必须远程，则优先采用视频会议的模式，减少信息熵丢失。

- 沟通交流中避免使用领域特定的术语，降低沟通理解的成本。

- 有重要需求或工作任务罗列时，优先使用邮件，避免信息丢失或错传。

- 不讲空话，不讲正确的废话，不罗列大量没有价值的堆砌性文字。

2.3.3 自解释编程

除了传统的语言沟通，代码恐怕是技术人员最高频交互的信息载体了。而且，代码的阅读次数远远高于编写的次数，也是一项不容忽视的成本。

自解释编程是基于代码层面的，我们希望达到的效能终态，能够依靠代码自身的命名规范和编程风格达到易于理解的目标，也能够在一定程度上避免"祖传代码"的痛苦。但对于自解释编程我们也应辩证地看待，切忌矫枉过正，抛弃所有注释和文档，会适得其反。

我们来看一个简单的例子：

```
int get_discount(void) {
return discount;
}
```

即便没有任何注释和文档，我们也可以从函数签名获悉，该方法是用来获取折扣值的，似乎非常直观。但其实这段代码的信息熵是非常低的，因为它没有给出任何有关实现背景的提示，如果这是一段"祖传"代码，你将被迫追溯所有与这段代码相关的方法，才能真正理解这段代码背后的设计思想。我们再来看一个例子：

```
/**
 * 返回折扣的比率（%），范围为 0～100
```

```
 *
 * 该方法获取的折扣仅仅是常规优惠折扣，外部活动还享有额外折扣
 * 请勿将本方法的结果直接作为最终折扣
 *
 */
int get_discount(void) {
return discount;
}
```

逻辑是不是清晰多了？在绝大多数代码阅读的场景下，我们不仅希望了解这段代码的基本用途，更希望能快速获悉其内部逻辑，包括内部数据处理、程序流程，甚至是一些设计上的考量。当然，深挖代码最终也许能获得同样的信息，但这样会浪费很多时间和精力。

自解释的代码不是无注释和无文档的代码，而是伴随高信息熵的代码体系，内容简洁合理的注释与文档同样也是优秀代码的一部分，能够给效能的提升带来帮助。

2.4　研发效能对现代大型软件企业的重要性

腾讯 TEG 内部快速发展中的智研平台、阿里已经走向产品化的云效平台、百度基于工程效能白皮书研发的效率云平台等，都是研发效能领域的标杆，可是读者有没有想过，为什么最近几年各大行业的龙头企业都纷纷开始在研发效能领域发力，而且步调如此一致，我们认为原因有以下三点：

第一，就像"中台"概念一样，现在很多大企业的产品线非常广，其中存在大量重复的轮子，如果我们关注业务上的重复轮子，那么就是业务中台；如果我们关注数据建设上的重复轮子，那么就是数据中台；如果我们关注研发效能建设上的重复轮子，那么就是研发效能平台，其实研发效能平台在某种程度上也可以称之为"研发效能中台"，其目标是实现企业级跨产品、跨项目的研发能力复用，避免像原来那样每条产品线都在做研发效能所必需的"0 到 1"，没人有精力去关注更有价值的"1 到 n"。现在的研发效能平台会统一打造组织级别通用研发能力的最佳实践平台。

第二，从商业视角来看，现在 toC 产品已经趋向饱和，过去大量的闲置时间等待被 APP 填满的红利时代已经一去不复返了，以前业务发展极快，用烧钱的方式（粗放式研发、人海战术）换取更快的市场占有率，达到赢家通吃是最佳选择，那个时代关心的是软件产品输出，研发的效率都可以用钱填上。而现在 toC 已经逐渐走向红海，同时研发的规模也比以往任何时候都要大，是时候要勒紧裤腰带过日子了，当"开源"（开源节流中的开源）遇到瓶颈了，"节流"就应该发挥作用。这个"节流"就是指研发效能的提升，用同样的资源、同样的时间来获得更多的产出。

第三，从组织架构层面来看，很多企业都存在"谷仓困局"，即研发的各个环节内部可能已经做了优化，但是跨环节的协作可能产生大量的流转与沟通成本，从而影响全局效率。基于流程优化，打破各个环节看不见的墙，去除不必要的等待，提升价值流动速度，这些正是研发效能试图解决的一大类问题。

2.5 总结

研发效能的提升是一个"理性"而又"感性"的问题,不是单纯依靠技术手段可以解决的。我们在这章讨论的众多话题都表明,对历史的敬畏和对人性的尊重也是促进研发效能提升的重要基础,甚至比技术手段更重要。

- 软件生产作为智力密集型活动,掺杂着大量人的因素,很难严格地标准化。

- 质量和效能是"既要、也要"的关系,效能的提升能够将软件研发中的风险更快、更及时地暴露出来,同时减轻人脑负担,反过来又能提升质量本身。

- 霍桑效应给我们的启示是:渴望尊重和欣赏,是人性的需求之一。适度的关注和赞美能够产生强烈的心理暗示,继而带来效能的提升。

- 反摩尔定律告诉我们,越迟交付的价值其价值越低。

- 信息熵衰减对研发效能的影响是巨大的,要想方设法将信息传递的效率提升上去。

- 自解释的代码不是无注释和无文档的代码,而是伴随着高信息熵的代码体系。内容简洁合理的注释与文档,同样也是优秀代码的一部分,能够给效能的提升带来帮助。

- 基于流程优化,打破各个环节看不见的墙,去除不必要的等待,提升价值流动速度,这些是研发效能试图解决的一大类问题。

第 3 章

项目管理中的提效手段

我们必须承认，提升研发效能不是一项简单的工作，因为它无法单纯依靠技术手段去优化和改进，一家技术能力很强的公司，不见得就是研发效能很高的公司。项目管理之于研发效能的重要性不言而喻，但在国内公司普遍做得不好，很多公司还停留在"用时间换进度"的阶段，这是很遗憾的。

提到项目管理，就不得不提到敏捷开发的理念，它已经成为软件开发的主流方式，被广为传播，敏捷开发拥抱变化和快速响应的特点决定了它非常适合当今"快鱼吃慢鱼"的时代潮流。不过我们也发现，随着敏捷实践的日益增多，行业内充斥着大量不同的声音，随之而来的误区也越来越多，如果你是一位敏捷开发的初学者，可能会困惑于有如此多的信息需要消化。

这一章，我们将基于敏捷开发这条主线，探究项目管理中的提效手段和实践。希望通过这一章的正本清源和举一反三，能够帮助读者知其然，更能知其所以然。

3.1　敏捷项目管理概述

2001 年 2 月，在美国犹他州瓦萨奇山的雪鸟滑雪场，17 个来自各类敏捷方法的实践者达成了一个共识，也就是后来广泛流传的敏捷宣言，这个宣言作为敏捷的核心思想，一直指导着后续敏捷实践的发展进程。直到现在，敏捷方法已经变成了软件开发的主流方式。

敏捷方法之所以能够被业界认可和推广，是因为它与互联网的竞争形态紧密相关。许多公司已经发现，高质量、低成本和差异化已经很难超越当今市场白热化的竞争，超越市场需要的是速度与灵活性[6]。而敏捷就是尽早地、频繁地交付商业价值，非常顺应现在行业的发展趋势，以及我们对研发效能的追求。

3.1.1　敏捷宣言

我们先来看一下敏捷宣言的内容，也就是敏捷方法所倡导的价值观。其中，尽管右项有其价值，但我们更重视左项的价值。

个体和互动　高于 流程和工具

工作的软件　高于 详尽的文档

客户合作　高于 合同谈判

响应变化　高于 遵循计划

个体和互动高于流程和工具

敏捷开发强调人的贡献和团队沟通，鼓励当面沟通和建立信任，有些公司将办公室设计成开放式布局，以消除员工之间近距离沟通的障碍。合适和正确的工具能够帮助人们更好地完成工作，但如果认为过程和工具会对项目成败起关键的决定性的作用，那么就是本末倒置了。项目是由人来完成的，成败的关键在于每一个人的态度。不要认为更大的、更好的工具可以自动地帮你做得更好。通常，它们造成的障碍要大于带来的帮助[7]。

工作的软件高于详尽的文档

软件开发作为一项智力活动，很难用静态文档对其进行完备的定义和分析，与其让软件工作者和客户面对众多繁杂而又单调的文档，不如采取演示和讲解的方式更高效。这并不是说必须做到"无文档化"，没有文档的软件是另一种灾难，但过多的文档往往比过少的文档更不利，因为撰写这些文档需要时间，维护这些文档更需要时间，缺乏维护的文档给软件工作者带来的误导也会增加额外的成本。至于如何把握撰写文档的"度"，Martin 文档第一定律（Martin's first law of documentation）给出了简洁的结论：直到需求迫切且意义重大时，才撰写文档。

客户合作高于合同谈判

既然敏捷开发重视人的作用，那么与客户的合作也同样遵循这一理念。软件开发工作难以标准化，进度难以度量，这些是其固有的属性，我们不要纠结于合同措辞和商务谈判，而是要与客户加强沟通，尽可能频繁地给客户反馈，让客户与开发团队密切地凝聚在一起，这才是最好的"合同"。

响应变化高于遵循计划

正所谓人算不如天算，如果指望软件开发过程中没有变化，那么基本上都是会令人失望的，被动地遵循计划，不如主动地拥抱变化，这可能是敏捷开发最重要的理念之一。事实上，敏捷开发欢迎需求变化，认可需求变化背后的业务考量，面对变化的一种通行做法是，针对下一个迭代周期（如两周）的工作建立详细的计划，针对三个月内的工作建立粗糙的计划，针对更远的工作建立更原始的计划，平衡整体工作的稳定性和灵活性。

3.1.2　常见的敏捷开发方法

敏捷开发是基于敏捷宣言定义的价值观和原则的一系列方法和实践的总称，尤其适合那些需求和功能迭代需要跨业务团队支撑，且团队又是偏自组织管理的情况。敏捷开发不是一种范式，而是各团队基于敏捷价值观实践产生的解决方案。

敏捷宣言诞生多年以来，敏捷思维已经从一个小众活动转变为被广泛使用的方法，全世界都有大量的公司在践行敏捷开发理念，在这些实践过程中，诞生出了不少优秀的方法和案例。这里，我们将介绍一些被广泛采用的敏捷开发方法。

Scrum

Scrum 一词，源于橄榄球运动，中文一般会翻译为"争球"。双方的前锋各自排成一队，在中间形成一个通道，当球被抛入这个通道后，双方球员要用脚去争夺球权。很显然，单靠一名队员是无法赢得球权的。日本教授竹内弘高和野中郁次在 1986 年《哈佛商业评论》中发表的一篇论文 *The New New Product Development Game*，首次将这一概念与产品开发结合在一起，提出了 Scrum 方法，他认为一个敏捷团队也应该像橄榄球比赛一样，大家通力协作，达成最终目标。

Scrum 的标准模式如图 3.1 所示，产品负责人（PO/PM）的工作是整理需求，并将其汇总为待办事项（Backlog），同时确定优先级。之后，团队从这个待办事项池子中取出一部分任务，形成当次迭代（Sprint）的计划，并明确完成时间点。在每次迭代中，团队需要有每日站会（Daily Standup Meeting）对进度和风险进行追踪。每次迭代结束后，召开迭代评审会（Sprint

Review）和迭代回顾会（Sprint Retrospective），对当次迭代的问题和经验进行整理和反思。整个过程通常由敏捷教练（Scrum Master）进行把控和指导。

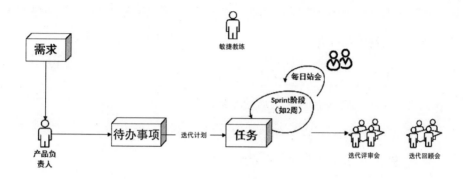

图 3.1　Scrum 的标准模式

极限编程

极限编程的思想最早出自 1996 年克莱斯勒汽车公司的一个称为克莱斯勒综合报酬系统（下面简称为 C3）的工资单项目，当时的项目负责人 Kent Beck 对项目的开发流程做了一些突破性的尝试，并将这些实践记录在一本名为 *Extreme Programming Explained*（《极限编程解析》）的书中。尽管最终 C3 项目失败了，但这些项目流程的改进却实实在在地积累了下来，从此极限编程进入了大众视野。

极限编程的主要目标是降低因需求变更而带来的成本，体现在实际工作中，最大的变化就是更短和更频繁的开发周期。伴随着这一变化，诞生了测试驱动开发（TDD）和结对编程等方法，其本质都是希望在更快的节奏下，用最轻量级的方式，保证产品的交付质量。

动态系统开发方法

动态系统开发方法（Dynamic Systems Development Method，DSDM）是一个敏捷项目开发交付框架，如图 3.2 所示，其核心思想是：开发时间固定，而功能规划和资源配置是可变的。这一点有别于传统的软件开发方法，它强调需要实现的功能是预先确定的，而人力资源和时间是可变的。

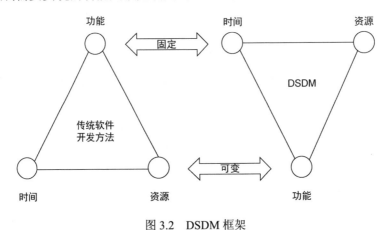

图 3.2　DSDM 框架

具体来解读一下动态系统开发方法的实践过程，假设我们定义一个迭代周期为两周，这个周期是固定的。如果发生了一些变化导致人力资源不足，那么就需要增加人员；如果插入了一些新的需求，导致原先的开发时间不够用，那么就根据优先级放弃部分需求，排入下一个迭代周期。这样可以保证项目交付的准时性，避免一拖再拖，最终演变成一个长期交付的传统开发模式。

特性驱动开发

特性驱动开发（Feature Driven Development，FDD）方法由 Jeff de Luca、Eric Lefebvre 和 Peter Coad 共同提出。它创造性地将"特性"作为开发工作

的第一公民，所有工作围绕特性展开，而不是任务。项目不需要冗长的设计过程，而是边设计、边开发、边完善。特别地，特性被设计为是可理解的、可衡量的、可实现的功能，可以直接拿出来展示给客户，提供富有价值的信息。

3.1.3　敏捷角色

回到敏捷开发以人为本的话题，人和团队对项目的成败至关重要，下面我们介绍一下敏捷开发所涉及的各个角色及他们的主要工作内容和职责。值得注意的是，不同的敏捷开发方法对角色的定义和理解是有差异的，我们将针对敏捷开发中最主流的 Scrum 方法所涉及的三个角色分别进行介绍。

产品负责人

产品负责人是敏捷开发中最为关键的角色，在敏捷宣言中，我们倡导与客户保持联系，倡导开发人员之间保持沟通，产品负责人就是这种高频互动的纽带，通过其职能将各方联系在一起。产品负责人对产品负责，具有需求决策权，与客户沟通并提供反馈，同时决定该做出何种反应，如修改排期、修改优先级、增减待办事项，等等。其主要工作罗列如下：

- 将业务需求转化为产品，并进一步转化为项目工作。

- 建立和维护产品待办列表，也就是项目需要完成哪些功能。

- 排定优先级，包括项目、发布、迭代周期等内容。

- 在迭代完成后对项目工作进行验收。

- 作为桥梁联动项目各方参与和沟通。

敏捷教练

敏捷教练（Scrum Master）是 Scrum 方法中的一个关键角色，在其他敏捷方法中也有类似的角色定位，简单地说，敏捷教练的职责就是帮助团队解决一切敏捷实践过程中遇到的问题，他不仅需要具备丰富的敏捷知识和实践经验，更要帮助团队中的每个人正确地理解敏捷思想、价值观和原则，并付诸实践。

敏捷教练需要高度参与到整个项目过程中，观察团队的日常工作方式，引导团队践行敏捷开发理念，对偏离目标的工作方式及时介入纠正，并提供有效反馈，正向激励团队。与产品负责人不同，敏捷教练需要对流程负责，帮助团队改进甚至是变革，以实现最大化的价值交付。

敏捷教练的主要工作如下：

- 指导团队践行敏捷价值观、原则和过程。

- 帮助团队消除一切可能影响项目交付的障碍。

- 完善和坚守流程，保证站会、规划会、审查会、回顾会等正常实施。

- 为团队提供敏捷实践的各项支持，帮助团队成长。

开发团队

这里的开发团队是一个广义的概念，包含所有为交付产品而付诸努力的专业技术人员，如研发、测试、架构、运维等，是产品交付的主力军。在敏捷实践中，开发团队的人数最好保持在 5～9 人，过少的人数会弱化协作的作用，而过多的人数则会受制于人员的差异和多样化，从而使协作变得困难。开发团队是自组织的，团队成员在稳定、信任和开放的氛围下，自我管理工作和任务分配。

3.2　敏捷项目管理中效能提升的五大要素

项目管理作为牵动和维系产品交付全流程的重要工作，其效率对研发效能的增益是极为显著的。敏捷项目管理简化了烦琐的流程和文档管理，主张面对面地进行沟通和交流，倡导拥抱变化、快速反应、价值优先，在面临时刻变化的市场需求的情况下，能够保证短时间内交付可靠的产品。那么究竟有哪些要素，使敏捷项目管理方式给效能的提升带来如此重要的帮助呢？我们将在这一节中一探究竟。

3.2.1　自组织团队

自组织是指一个系统在内在机制的驱动下，自行从简单向复杂、从粗糙向细致方向发展，不断地提高自身的复杂度和精细度的过程。敏捷项目管理倡导自组织团队，这对于大部分未曾实践过敏捷的团队来说可能有点天马行空，因为传统组织的特征是层级制的结构，用权力与管理来维持运作，每个个体完成专项工作，对结果负责。而敏捷所倡导的自组织，则是用责任和目标作引导，建立自己的团队标准和规则，它是基于承诺的，而非基于管理和监督的。

自组织团队并不是虚无缥缈的概念，早在 1986 年，前面（3.1.2 节）提到的 *The New New Product Development Game* 一文中就写道："一个群体具备三个条件时拥有自组织能力：自治、自我超越、正向交互。在我们对多个新产品开发团队的研究中，都发现他们具备这三个条件。"在互联网产品快速更迭的当下，跨领域的自组织团队在各大公司的实践和反思也屡见不鲜。

自组织团队的方式对研发效能的提升体现在多个方面。首先，团队成员可以在迭代过程中选择自己擅长的任务，而非硬性分配，在这种自适应的过程中，团队很容易形成更优的分工安排，这有助于发挥每个人的力量，达成全局效率最优。其次，自组织团队倡导人人有责，弱化职级和职位，每个人都要提升自我，为组织出力，形成正向交互。最后，自组织团队天然的自由氛围，为团队的每个人提供了充分发表意见和想法的机会，这往往会带来更好的解决方案，促进效能的提升。

3.2.2　持续改进

根据 ISO9001 质量管理体系对持续改进的定义，持续改进是指关注与不断增加组织有效性和效率的过程，以实现组织的方针和目标。敏捷项目管理倡导每个个体的高度参与和及时反思，比如，在每个迭代周期结尾，都会安排回顾会议，讨论哪些工作做得较好，哪些工作需要批评和改进。这种主动思考并寻求解决的做法，比起被动地等待外部方或客户反馈，能极大地降低风险，减少对效能的影响。

持续改进也是一个团队自驱力和先进性的表现，鼓励团队花时间反思，并勇于抛出问题，能够有效避免当前迭代中已经发生的问题流入下一个迭代周期，从长远的角度看，这样持续改进的团队一定会成为一个高效的团队。

3.2.3　频繁交付

在传统软件开发过程中，无论是软件开发人员还是客户，可能都要等待一个较长的周期才能获得反馈，这造成了信息割裂的局面，严重影响效能。而敏捷管理则不再如此，团队需要高频交付通过测试的产品版本，以便项目的所有干系人能够及时获悉项目进度，识别风险并应对变化。

当然，频繁交付不是那么容易做到的。一方面，团队需要转变观念，摒弃以自我为中心的思考方式；另一方面，要做好迭代周期的管理、任务的拆解等工作。我们要意识到，虽然频繁交付在一定程度上增加了一些成本，但是能降低风险并及时应对变化，从而为产品交付带来更大的效能提升。

3.2.4 消除对立

对立的情况在互联网公司并不少见，测试人员时常抱怨开发人员提测质量差，开发人员时常抱怨产品需求变动频繁，等等，由此产生的调侃段子也层出不穷。从某种程度上说，这种相互对立起源于工作的"移交"，产品负责人确定需求和排期后，认为自己的工作已经完成了，将需求移交给研发人员进行编码；研发人员写完代码后，同样认为自己的工作结束了，将代码移交给测试人员。每个人都将自己的工作范围划分得清清楚楚，殊不知，产品交付的质量和效率，取决于整个项目周期的所有角色。

敏捷团队的所有角色需要朝着共同的目标前进，荣辱与共。在实践上，尽量避免针对不同的角色制定可能会产生冲突的 KPI，比如，对测试人员制定 Bug 数量的 KPI，针对研发人员则制定相反（解决 Bug 数量）的 KPI。我们甚至建议对整个项目的参与人员制定共同的 KPI，如果项目失败或延期，那么整个团队都应该为此负责，并持续改进。

3.2.5 未雨绸缪

唯一不变的就是变化，在之前的章节中我们不止一次提到，敏捷管理模式是拥抱变化的，其中一项重要的特点就是风险管控，提高对项目有利的事件发生的可能性及其影响力，同时减少对项目不利的事件发生的可能性，并尽可能减少其负面效应。在没有下雨的时候，先把房子修补好。

每日站会提供了一个很好的途径，它不仅能让团队成员互相了解各自的工作概况，还能够通过这种沟通机制将隐藏的风险及时暴露出来，以做预防。在敏捷团队的所有成员面对共同的目标时，主动暴露问题，积极寻求解决，能够更好地促进风险的消化。

虽然敏捷宣言主张个体和互动高于流程和工具，但适当的工具依然能够给我们带来帮助，诸如看板、燃尽图、缺陷跟踪系统等也能帮助我们更早地发现风险，及时做出应对。

3.3 敏捷项目管理中的常见误区

敏捷作为一种通过创造变化和响应变化在不确定和混乱的环境中取得成功的能力，具备高度的实践性和创造性，这样的特性在赋予敏捷强大适配度的同时，也给落地造成了困难，正所谓"道理都懂，实践难行"。切实有效地落实敏捷思想，真正为效能提升服务，是每个敏捷项目工作者都需要努力的方向。本节将介绍敏捷项目实践中的一些常见误区，以便使读者触类旁通，少走弯路。

3.3.1　敏捷开发就是快速开发

敏捷这个词很容易让人联想到快速、迅速等字眼，继而认为敏捷开发就是单纯追求速度的开发方式。但如果我们回过头重新阅读一下敏捷宣言，就会发现敏捷开发最大的关注点其实是价值交付，而价值交付最核心的一点就是质量。因此，敏捷项目中的快速是以保证交付质量为前提的。

质量和效率也不是互斥的关系，相反，高效的流程和快速的变化响应能够极大地减轻人的心智负担，遇到变化也能更及时地调整项目策略，这些都能促进质量的提升。因此，笔者认为，在敏捷项目中，"快"和"好"是"既要、也要"的关系。

3.3.2　敏捷开发应当抛弃文档

敏捷宣言中提到，工作的软件高于详尽的文档，但并不提倡完全地无文档化。我们需要认识到，文档只是人类传递信息的一种手段，前面（2.3节）我们曾提到信息熵的概念，文档传递的信息熵一般比语音沟通更高，因此文字是一种非常好的信息传输介质。但同时，文档作为一种持久化的媒体，需要进行同步和维护，这些隐性的代价也是需要重视的。

在敏捷项目管理中，提倡撰写必要的文档，不拘泥于格式，而是以提供清晰、易读的信息为目标。让文档成为沟通协作的有力补充，避免为写文档而写文档，这才是对"工作的软件高于详尽的文档"这句话的正确理解。

51

3.3.3　敏捷开发只适合小微团队

秉承这一观点的人们所持有的最大论据就是所谓的两个披萨原则，这一原则是由亚马逊 CEO 贝索斯提出的，他认为如果两个披萨不足以喂饱一个项目团队，那么这个团队可能就显得太大了。Scrum 指南建议敏捷团队的人数在 3~9 人为宜，也遵循了这一原则。

这套理论本身是很有建设性的，甚至其背后有数学原理的佐证。如果将敏捷团队的每个人视为一个点，而将人与人之间的联系视为关系，那么随着团队人数的增长，关系将呈现更大的增长趋势，这意味着沟通成本和协作成本将大幅上升。

但这并不意味着敏捷开发只适合小微团队，大型团队可以通过合理的组织拆分，建立多个负责相对独立功能模块的 Scrum 团队，达成全局敏捷的目标。虽然这项拆分工作有诸多挑战，但众多互联网一线公司的实践经验表明，将敏捷实践应用于大型的、复杂的项目是完全可以的。

3.3.4　敏捷开发沦为小瀑布开发

在一些团队的敏捷实践中，能够将项目拆分为若干可交付的迭代周期，但在每个迭代周期内，依然还是遵循瀑布模型的开发方式，我们将这种表面敏捷、实则瀑布的模式称为"小瀑布"模式。小瀑布模式在项目需求稳定的情况下，其表现也许和敏捷模式没有太大区别，但是一旦需求频繁变化，差异点就会明显体现，团队成员也会变得异常忙碌。究其原因，虽然应用了敏捷理念，缩短了迭代周期，但还是在按照瀑布模型的习惯和工作方式在工作，并没有思考敏捷的核心价值。

图 3.3 是一个比较典型的小瀑布模式案例，虽然也切分了若干短迭代，也有相关的站会、评审会议等内容，但各角色间的协作方式依然是以瀑布模型中的契约形式进行维系的，以文档做驱动。而测试的角色定位仍然在项目后期，没有参与到项目全周期的工作中，可以想象，当需求变化频繁时，后期介入的角色就会疲于奔命、频繁加班，最终导致产品交付急促，质量低下。

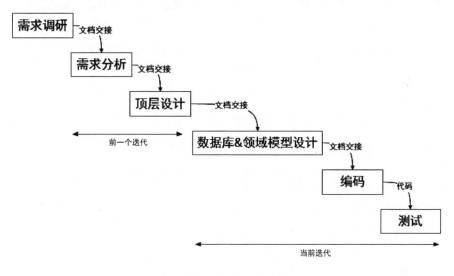

图 3.3 "小瀑布"模式

3.3.5　敏捷是没有约束的

既然敏捷开发提倡拥抱变化和快速响应，那么是不是随机应变就可以了？甚至有开玩笑的说法："你们搞敏捷，那以后改需求就方便了，随机应变嘛，如果需求改了，那么快速反应就好了"。

敏捷方法有一个核心元素——"时间盒"。它的意思是，在一个迭代周期内，团队只负责完成当前迭代计划的任务，如果有其他任务加进来，比如需求变更，只能延迟到下一个迭代周期。更宽松一些的做法是，在可接受的范围内（人员增减、资源缩放等）接纳需求并重排优先级，以顺应需求的变化。但无论哪种做法，约定和规则都是必需的，敏捷开发并不是无序和随意的，而是团队自主形成规则和处事方式的统一。

3.4　建立度量体系：无法度量，就无法改进

　　管理大师彼得德鲁克（Peter Drucker）有一句名言：If you can't measure it，you can't manage it（无法度量就无法管理）。对于软件研发工作，这句名言也同样切中要害，度量是一切技术改进和决策的前提，缺乏有效的度量，技术工作就如盲人摸象，偏离目标是大概率事件。

　　相对来说，研发效能的度量有其难度，研发流程复杂且不可见因素众多，人的影响占比较大，这些都给度量带来了挑战。这有点像在足球比赛中评价一名球员的某次比赛表现是否出色，是一项非常主观且难以标准化的工作，简单地将球员的场上数据做汇总，在很多情况下并不能说明问题，比赛策略、临场策略、球员具体任务、上一场比赛的影响、场地和天气的情况、裁判尺度、队友跑位、球队攻防转换速度，等等，环环相扣。

　　但研发效能的度量并不是玄学，度量是一项体系化工作，度量指标和范围可以归纳总结，但指标绝对值的考量是需要根据每个组织的特点制定的，世上不存在放之四海而皆准的度量指标。下面我们从几个维度来讨论一下度量指标的制定和延伸，需要注意的是，千万不要孤立地去看这些指标，尤其不要使用某个特定指标去衡量技术人员的产出，而是应该综合多个指标，从端到端的角度去审视研发效能。

3.4.1　选择度量指标

我们一共总结了五类研发效能的度量指标，下面详细展开讲解。

质量指标

前面我们提到，希望在保持快速反应、拥抱变化的同时交付高质量的产品，因此对于质量的度量应予以高优先级考虑。从时间角度划分，质量可以分为过程质量和交付质量。在过程质量中，主要关注缺陷、性能和安全问题，以及动态跟踪质量问题；而在结果质量中，主要通过分析已经产生的质量问题和风险进行改进和优化。总体上，质量指标作为衡量交付物质量的手段，可包含如下项目：

- 千行代码缺陷率。

- 万行代码线上事故数/万行责任事故。

- 缺陷密度。

- 缺陷燃尽图/缺陷存量。

- 提测冒烟通过率/提测驳回率。

- 高优先级缺陷占比。

- 线下缺陷与线上事故比值。

- 性能/资源使用率。

- 安全漏洞发现数。

- 生产可用性时长/宕机时长。

- 生产发布回滚率。

交付吞吐指标

在保证质量的前提下，交付速度和交付效率是我们希望持续提升的重点。由于项目交付涉及软件工程全周期的工作，与交付吞吐相关的指标非常多，我们主要专注于交付速度，即精益理论中所定义的"流动效率"，相关指标如下：

- 构建速度。

- 回归测试执行时长。

- 前置时间（Lead Time）。

- 在制品（WIP）。

- 缺陷修复时长。

- 缺陷验证时长。

- 需求周期时间。

- 生产周期时间。

- 需求平均交付周期/需求吞吐率。

产出指标

从团队和个体的角度看，我们需要衡量研发工作中所有过程和结果的产出物，以便评估研发活动效率，继而加以改进，相关指标如下：

- 构建次数/集成频率。

- 人均提交代码行。

- 人均关闭需求数。

- 人均关闭缺陷数。

成本指标

在业务发展的上升期，市场占有率占据最重要的位置，成本需要多少就可以投入多少，但随着业务量逐渐增大，进入稳定期后，成本就需要控制了，毕竟粗放式增长的可持续性是不强的。成本的度量主要体现在人和物上，相关指标如下：

- 人均服务器/实例使用数。

- 服务器资源使用率。

- 依赖第三方资源费用。

- 研发测试人员比。

- 项目人员数。

业务价值指标

所有的技术工作最终都要体现在业务价值上，但业务价值相对比较难以量化和标准化，除了保证项目按时按质交付，还需要业务或产品人员介入进行评估，各团队可自行设定 KPI，如需求接起率等。此外，准确度也是业务价值的一个可考虑的度量点，它能够反映技术团队是否完整地交付了正确的产品，相关指标如下：

- 净推荐值（NPS）。

- 用户价值产出量。

- 功能采纳率。

- 验收通过率。

3.4.2 构建度量体系

结合上述度量指标，我们希望得到一个既能反映事实又具有一定的普适性，还能起到一定引导作用的系统性度量体系。我们将这个度量体系分为三层：基础能力层、产品交付层和业务价值层，每一层通过建立不同的度量思路，保证普适性和系统性，如图 3.4 所示。

图 3.4　研发效能度量体系

- 基础能力层：完善基础设施，通过对人和工具的指标度量，促进研发能力的增强，保障高效执行。

- 产品交付层：以流动效率为核心，关注过程指标，致力于效率、产出和成本的平衡。

- 业务价值层：以业务目标为核心，交付准确、优质的产品，达到预期的业务结果（业务量增长、用户数增加，等等）。

在获得度量数据后，我们可以制定相应的改进策略，并以同比或环比的形式观察改进结果是否满足预期。通常，我们要在一段较长的时间周期内多比较几次，以免被噪点数据（偶发的异常数据）误导。在这个过程中，数据扮演了甄别问题、暴露问题、驱动改进和回归验证的角色。

3.4.3　度量的误区

在经济学中有一个十分有趣的定律，叫作"古德哈特定律"，它的内容是：当决策者试图以一个事物的客观测量指标作为指针来施行政策时，这一指标就再也不能有效测量事物了。举一个真实的例子，某公司将缺陷解决时长作为度量标准，并以行政方式加入研发团队的 KPI 中，最后产生的效果是，很多研发人员私下与测试人员"串通"，将一些棘手的缺陷晚些时候提报，甚至私下修复，以此规避度量指标的记录。这个例子给我们的启示是，应以客观、理性的姿态对待度量这件事，用度量来指导改进，而不是生硬地将度量指标加入 KPI 中，以期达到完美的效果。

度量的目标是消除系统性瓶颈，这意味着我们在进行度量时始终要有全局性思维，下沉的同时要能够回到山峰统揽全局。某大型公司在制定项目策略和团队规划时，会采用"目标-策略-打法-抓手-资源"这样逐层拆解的方式，确保始终以目标为核心执行各项工作，尽力保证目标的有效达成。同理，在研发效能度量时，也应时刻反思制定的度量标准和结果，是否能对目标有贡献，要多看数据，少看数字。

另外，从成本角度考虑，避免一开始就构建一个大而全的度量体系。度量是一项演进式的工作，往往需要各个角色的参与和讨论，其在发展过程中也需要基础设施的支持，是很难在短期内看到成效的，而不切实际的企图快速构建一套大而全的度量体系的行为，通常都会以失败而告终。在后面第 7 章（7.3 节），我们将继续就组织建设中的研发效能度量做进一步的解读。

3.5 可视化：打开窗户看世界

马克·吐温有一句名言"世界上有三种谎言：谎言、该死的谎言和统计数字"。

在研发效能度量时，我们得到的是大量的数字，但数字恰恰是经常被曲解的部分，谎言并不来自数字本身，而是来自错误的解读。探索出数字背后的规律，将数字的真实价值直观而又清晰地表达出来，是数据可视化的最终目的。

数据可视化从表面上看是通过图表等形式展示数据，实则建立一种视觉暗示，以图像为载体将数据背后的故事叙述出来，使人一目了然。因此，在可视化的过程中，要求将数据的重要特征和重点能够凸显出来，在视觉上进行"编码"，下面的例子展示了通过视觉编码（颜色）传达信息，人们更容易理解原数据的特征了。

```
666668666666
666666666666
666666668666
666666666666
666866666666

666668666666
666666666666
666666668666
666666666666
666866666666
```

3.5.1　项目管理中的效能可视化

我们来看一些在项目管理中广泛采用的可视化方法。

看板

看板也许是项目管理中众所周知的可视化工具，具有悠久的历史，看板的工作方法可以追溯到 50 多年前。在 20 世纪 40 年代后期，丰田公司通过看板来优化工作流程，保证超市的库存水平与消费量的平衡。之后，丰田又将看板方法引入车间管理中，将材料的库存水平和消耗量维护在一个高效率的平衡点上，当时的看板其实就是在工人间传递的一张小卡片，记录了材料种类和数量等信息，通过卡片的传递来动态调整每个环节的工作。它的核心被称为 JIT（Just In Time），意思是尽可能灵活而实时地做出反应。

看板是用于实施敏捷软件开发的流行实践，如图 3.5 所示，它完全践行了 JIT 的理念，工作项目在看板上直观呈现，并允许团队成员随时查看每项工作的状态。看板能够保证软件研发过程中的各项重要工作的进度始终处于可视化的状态，这是一种非常强烈的结构性视觉暗示，所有阻碍流程的事务能够被快速识别和暴露，团队站会时也可以基于看板进行实时沟通，这些特质都在很大程度上提升了研发效能。

充分的风险暴露是看板的另一个作用，有一句加拿大格言："如果你看见了问题，那就离解决它不远了"。视风险而不顾无异于鸵鸟策略，风险无法识别或被隐藏，它将一直伴随着项目发展，直到某一阶段我们不得不解决它时，成本已经非常之高。因此，及早暴露风险，及早投入解决，百利而无一害。

图 3.5　看板

在实践中，物理看板和电子看板各有优劣。物理看板的仪式感比较强，并且可以随时涂涂画画，比较容易调动人的积极性，也不需要什么大型的设备，只要一块白板，甚至一面墙即可。但物理看板不便于任务搜索和追溯历史，遇到异地工作模式的团队会比较麻烦。电子看板受环境限制相对较少，市面上的电子看板软件也比较多，但交互性会差一些。

甘特图

早在第一次世界大战时期，科学管理运动的先驱亨利·劳伦斯·甘特（Henry.L.Gantt）利用条状图的形式来展示项目中与时间相关的信息，制定了生产计划进度图，也就是甘特图的雏形。如图 3.6 所示，甘特图通常有一个任务列表和一个时间轴，横向为时间维度，纵向为任务维度，条状图表示任务的周期和完成情况。甘特图非常适合观察项目进度，能够及时暴露风险。

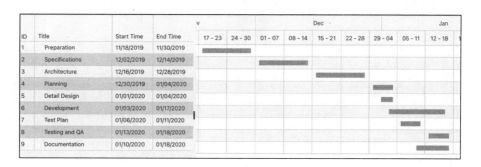

图 3.6　甘特图

显然，甘特图是一种时序化的数据可视化形式，因此非常适合观察项目进度。通过甘特图，我们可以分析出项目中每个工作阶段的耗时和延期等情况，继而进一步分析出主要瓶颈和资源充盈情况，从时间维度识别到当前最影响研发效能的短板，并进行相应的干预。

燃尽图

燃尽图是比看板和甘特图更轻量级一些的可视化图表，用于展示随着时间的减少工作量的剩余情况。如图 3.7 所示，燃尽图的横轴显示工作天数，纵轴显示剩余工作，反映了项目启动以来的进度情况。它相比甘特图更粗略，只反映整体项目的进度情况，但它的简洁明了产生了更强的视觉暗示，可以最直接地观察到项目整体的进度情况，从而确保团队的每个成员对项目进度有统一的认知。

燃尽图一般由两条曲线构成：计划曲线和实际曲线。计划曲线是一条连接起点和终点的直线，表示理想状态下工作任务的完成趋势，最终剩余工时应当归零。实际曲线用于显示项目或迭代中实际剩余的工作量。通过两条曲线的对比，可以直观地判断出进度是正常还是落后，继而提前采取措施。

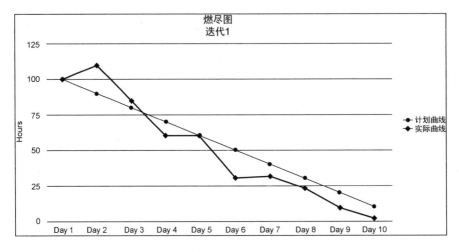

图 3.7　燃尽图

当然，燃尽图的简洁特性使得其无法承载所有信息，因此，根据燃尽图观察到的项目进度风险和研发效能情况，还需要依赖其他可视化方式或数据进一步分析。

3.5.2　效能数据可视化

在上一节中，我们谈到了效能度量数据的内容，接下来，我们还需要将数据转化为信息，将信息转化为策略。正如 Stephen Few 在他的代表作 *Now You See It* 中所述，只要你为数字提供清晰、服众的展现方式，数字就可以告诉你很重要的信息。

效能数据的种类众多，可视化的方式也比较丰富，饼图、折线图、条状图、散点图、气泡图，等等，可能都有用武之地。但同时我们也要意识到，可视化并不是目的，我们真正的目的其实是通过可视化发现信息并制定策略。因此，在做效能数据可视化工作时，不妨按照下述思路厘清逻辑：

- 我现在手头有什么数据？或是能挖掘出什么数据？

- 我想通过这些数据发现什么问题？

- 使用何种可视化方式能够最直观地发现问题？

- 可视化后是否达成了目的？

总结一下，好的图表自己能说话，善用可视化手段，提升研发效能的透明度，最终为研发效能的提升铺平道路。

3.6　提速：依赖解耦，提升交付速度

从某种意义上说，软件研发的过程就是不断提供正向反馈的过程。研发阶段的调研和设计工作提供了可行性全面反馈，测试工作提供了质量反馈，交付工作则面向用户提供了反馈。快速反馈是软件行业始终追求的目标，我们都希望能够在十分钟内跑完整个回归测试用例集，在一周内交付一个中等规模需求的软件产品，等等。尤其在市场竞争日益激烈的当下，可靠的"快速"成为重中之重。

"快速"的一大阻碍是软件研发各项工作的耦合度，一项工作产生瓶颈很容易阻塞其他工作的进行，继而造成整体进度的延期。

3.6.1　提速的切入点

很明显，解耦是获得提速的一项有效手段，我们要尽可能地让软件研发过程中的各个角色不出现互相等待的情况，能够并行工作。此外，提升某项工作的效率，降低成本，也能够在一定程度上促进提速。

图 3.8 展示了传统软件项目研发的生命周期，可以看到，其中影响提速的因素有三个方面：

- 获得质量反馈太慢，成本太高。

- 研发与测试相互依赖太多，造成互相阻塞。

- 与外部团队依赖太多，造成互相阻塞。

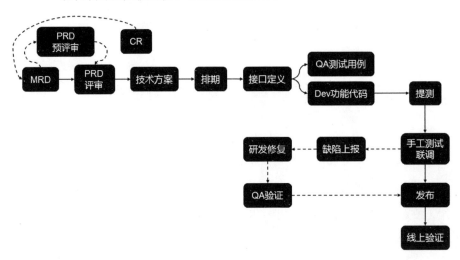

图 3.8　传统软件项目研发的生命周期

要打破这样的局面，关键就在于解耦。我们以提测环节为例，在传统的项目管理流程中，研发人员在编码完成后会进行简单的自测，自测完毕后进行提测，交付给测试人员展开后续工作。我们注意到，在提测后研发人员针对该需求的后续工作强依赖于测试进度，即测试人员提供质量反馈的速度，如测试人员什么时候能测出问题，上报缺陷，这导致了研发和测试人员在这一阶段的强耦合。从解耦的角，可以考虑能不能将一部分测试工作前置到研发人员提测之前，由研发人员进行测试，不依赖于测试人员个体，于是，就产生了"回归前置"的概念，即由研发人员在提测前完成回归测试，确保没有问题后再进行提测。

回归前置的好处有很多，首先，研发与测试的工作在很大程度上被解耦了，测试人员只需要关注新功能的验证和联调工作；其次，回归前置需要辅以高度的自动化和成熟的 CI/CD 设施，能够倒逼基础设施建设和测试水平提升；最后，研发能够获得快速的质量反馈，如果回归测试进行得足够快，甚至研发人员每提交一次代码都能获得大量的质量反馈信息，那么软件缺陷就能够早发现、早修复。

践行解耦思想的优秀实践还有很多，例如在缺陷修复环节，测试人员在提交缺陷时，可以一并提交验证的自动化用例，这样研发人员完成修复工作后，无需测试人员验证，只需自我验证即可，节约了彼此的时间。诸如此类的工作还有很多，如图 3.9 所示，究其实质都是在解耦和降本，这是软件研发提速的最大切入点。

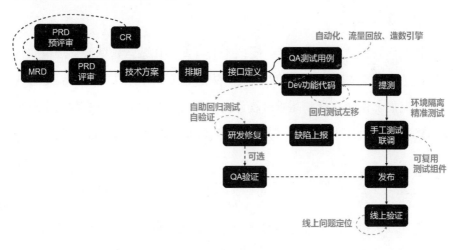

图 3.9　软件研发提速的切入点

3.6.2　高频的威力

在本章 3.2.3 节中，我们已经描述了频繁交付的威力，通过快速且频繁（即高频）的交付，能够解决信息割裂的问题，从而提前暴露和收敛风险。目前在软件行业已经成为普遍做法的持续集成，就是应用这一理念诞生的产物，通过频繁的集成，辅以自动化测试和可视化管理，在早期充分暴露问题于早期，加快问题收敛周期，同时倒逼能力提升。

高频的威力不仅应用在软件工程领域，而且在生活上同样被广泛采用。糖尿病患者的血糖检测是科学控制病情的第一手信息来源，而曾经血糖检测只能前往医院进行，既要挂号又要抽血还要等待结果，费时费力故很难高频实施。而现今随着家用血糖检测仪的普及，可以做到三餐前、三餐后、睡前和夜间共 8 次高频次检测，对生活、运动、饮食及合理用药都具有重要的指导意义。

当然，高频的实施是需要一定成本的，尤其在某些领域甚至是极具挑战的，基础设施的建设和执行力强的团队都是必不可少的。但随着 IT 行业的蓬勃发展，快速交付和高质量软件需要同时得到保障，将高频工作有效地运转起来，积极地跟进每一次问题，最终是可以达成这一目标的。

3.6.3　避免竖井效应

竖井效应指的是，公司内的各个职能团队各自为政，均达成了局部的高效，然而从全局角度看却不见得高效。软件产品最终是交付给用户的，用户往往只关注产品何时能够按质量交付，也就是端到端的整体效率。如果仅关注小范围的研发效能，则很容易陷入局部最优、而全局不优的窘境。

要达到全局最优，需要用端到端的视角来看待整个研发过程，特别是要以业务价值为导向，而不是以研发人员的产出为导向。比如，绝对化的代码行数、功能数、User Story 数等就是非常局部的度量方式，而前置时间（Lead Time）、周期时间（Cycle Time）和节拍时间（Takt Time）是目前用户比较推崇的整体度量指标。

前置时间是业务感知效能的重要指标，该指标表示从业务提出需求到产品发布（即交付）的时长。周期时间通常用来度量内部研发效能，指的是研发人员针对需求从开始着手研发工作，到交付业务验收的时长。节拍时间主要关注项目节奏，指的是在一个周期内完成每个需求的平均时长，希望达到的理想状态是缩小需求，流转不停。

这些指标都有一个特点，即不陷入局部，而是从端到端的角度来度量效能，可以发现很多全局问题，比如，是否存在宏观浪费（一次性认领了太多需求），是否存在互相等待（沟通不畅或误解），是否存在单体依赖（任务分解不充分或团队梯队不合理），等等。如图 3.10 所示，我们可以使用累积流图的方式，综合展示这些指标，这种拉通了端到端的可视化方式，最大化地体现了价值流动，能够有效地规避竖井效应。

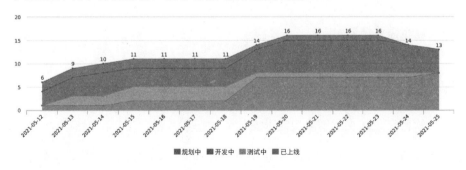

图 3.10　累积流图

3.7　消除变量：控制复杂度

在 IT 行业高速发展的当下，软件产品的复杂度越来越高，软件研发团队的人数越来越多，项目中的各种角色也越来越多，从而产生了大量的沟通成本和协作成本。纵观近几年的主流软件项目管理方法改进，无不是从这两方面入手，试图降低复杂度。

大型互联网公司往往拥有数以万计的微服务、百万级的容器部署规模，各服务间的依赖关系错综复杂。在这样的公司，即便是总架构师也很难了解整个系统的方方面面，更可怕的是，复杂度仍然在快速增长。

应对复杂度增长的难题需要逆向思维，正如德国现代主义建筑大师密斯·凡·德·罗所说："少即是多"。无印良品开创了极简美学，让人们知道了原来家居设计还能够以如此简单、直接的方式来表现，它去掉了不必要的装饰，取而代之的是一种简约的形式美，创造了贴近自然的美好家居氛围，同时减少了成本。在软件行业我们同样可以借鉴这一理念，越是复杂的系统，就越需要精简。

3.7.1　约束

软件行业从来都不缺天赋异禀的人才，各种奇技淫巧层出不穷，你有10 种创建对象的方法，我有 20 种一致性保障手段。但在多人协作的工程中，如果没有规范的约束，大家自由发挥，结果往往就是一团乱麻。有时人们会开玩笑地说，在企业级应用中，Java 之所以比 Python 更流行，是因为 Java

足够"死板"，不同性情的程序员也很难写出风格迥异的代码。

约束是控制复杂度的第一步，因为每多一种变量，就多一分风险，如果遵守统一的标准规范，就可以收敛出错的情况，也有利于团队的共同认知与交流。

3.7.2　控制

破窗效应是一个心理学理论，假设有一栋别墅，窗户破损了，如果不及时进行修理，可能会有更多的人破坏其他窗户，要想避免这种情况的发生，除了要时刻注意，还需要修补好"第一块玻璃"。这个理论认为，假如在集体环境中，某处不良现象一直存在，则可能会让更多人开始效仿，最终变本加厉，让整体情况更加糟糕。

控制复杂度的一大法宝是，将影响复杂度的不必要因素在一开始就掐灭，即零容忍。指望日后能够腾出一段时间专注于还技术欠债，一般都是自欺欺人而已。在团队形成良好的氛围后，控制复杂度是水到渠成的事，并不会产生额外的成本和工作负担。

3.7.3　抵抗熵增

熵增原理是指孤立热力学系统的熵不减少，总是增大或者不变，简而言之，一个孤立系统不可能朝低熵的状态发展，不会变得有序。从宏观角度来看，软件系统似乎也是一个准孤立系统，其发展是否也注定会复杂无序呢？

我们承认，随着软件行业的发展，复杂度一定是会上升的，即结果倾向于更复杂，但这并不意味着我们也必须用更复杂的方式实现这个更复杂的系统。管理学大师彼得·德鲁克说："管理要做的事情只有一件，就是如何对抗熵增。在这个过程中，企业的生命力才会增强，而不是默默走向死亡"。奥地利物理学家薛定谔也说过："生命以负熵为生"。事实上，我们一直在以不同的方式对抗熵增，图形化操作界面减少了手工输入的复杂度，Spring创造的依赖注入方式减少了创建对象的复杂度，Lambok 工具减少了 Java应用创建类的复杂度，等等。

这些例子充分证明了熵增在局部是可以对抗的，要用成长性的思维看待问题，善于封装复杂度、合并同类项、复用与分层等，最终达到控制复杂度的目的。

3.7.4　远虑

人无远虑，必有近忧。今天我为了赶时间，先硬编码一下；明天我为了调试，先 hack 一下；后天我为了方便，将所有逻辑耦合在一个方法里，这些没有远见的做法无异于为未来埋下祸根，很多麻烦的"祖传"系统的问题都是这样一点点累积起来的。笔者曾经历过一个重构项目，在对原项目代码进行阅读时，发现有两个账号被硬编码在代码中，没有任何注释，提交代码的信息中没有任何解释，账号本身也没有什么特殊性，年代久远也无从追溯作者。负责重构的同学百思不得其解，最后只能将这段硬编码保留到新代码中，至今仍是一桩"悬案"。有趣的是，这个服务本身也是公司内最不稳定、经常出问题的服务，显然这并不是巧合。

依赖工程师的自觉一般是不靠谱的，需要有制度和流程上的约束，良好的代码评审机制和走读机制可以在一定程度上规避一些问题，团队的文化建设和工匠精神的培养则是制度的有力补充。

3.8　未雨绸缪：防御性管理

"宜未雨而绸缪，毋临渴而掘井"。

短视的人们着眼于当下，深谋远虑的人们则会未雨绸缪。如果我们能够将未来的可能性置于现在考虑，那么当这些事件真实发生时，就能够游刃有余地应对，正如艾伦·拉肯的名言："计划就是把未来变成现在，这样你就可以未雨绸缪"。当然，我们不可能穷尽所有的可能性，这时就需要利用一些策略帮助我们平衡好"当下"和"未来"。

3.8.1　及时暴露风险

风险越早暴露，我们就有越多的时间去应对。一项风险的实际发生，往往意味着未来也很有可能会再次发生该风险，这就是著名的墨菲定律。我们在前面的章节介绍了一些指标，如前置时间（Lead Time）、周期时间（Cycle Time）等，可以通过观察趋势感知到风险。举个例子，当处于 In Progress 状态的任务数量在趋势上逐渐变小时，我们就要警惕了，是团队出现了大量人员离职的情况，还是工作效率出现了问题，或是由于引入了某些外部任务而打乱了团队正常的工作节奏，等等。越快介入寻找原因，对目前和未来的项目进展影响就越小。

3.8.2 防御性管理

笔者曾参加过一次防御性驾驶的讲座，记忆颇深，防御性驾驶要求驾驶员在行驶过程中对环境要有全方位的预判，做到防患于未然。比如，给其他车辆保留足够的空间，预估其他车辆的行为并及时调节车速，观察前车的前车，看远顾近，等等。

触类旁通，在项目管理中也有类似的道理，比如，识别到一个第三方问题，不影响本方进度，但未来联调时，如果问题仍存在就有可能产生影响，这时就应先采取一定的预防措施，如采取 Mock 或介入协助等方式规避潜在的风险。防御性编程倡导从我做起，大度地接受、保守地发送。这样做的好处是，即便某一服务的防御做得不够好，我们依然可以在最小范围内拦截和发现，避免错误的长链路传播。

所有的编程人员都是乐观主义者，防御性思维就是要打破这个人性的弱点，鼓励"想得多"，如果团队内的所有人员都能具备防御性思维，勇于和乐于暴露风险，那么这样的团队一定是非常优秀的。

3.8.3 Plan B

将未雨绸缪做到极致，凡事都有 Plan B，是规避风险的终极奥义。华为就是一个很喜欢 Plan B 的公司，安卓系统对华为出台禁令的时候，华为淡定地给出了自己的 Plan B——早在 2012 年就开始规划的鸿蒙系统，将巨大风险化为无形。

很多研发人员对产品经理反复的需求变化嗤之以鼻，但软件产品特有的不可见性决定了永恒的需求变化，事先为变化做准备总比假设变化不会发生要好得多，敏捷项目管理本身就是一种积极应对变化的产物。

Plan B 具有可增值性，能反衬出 Plan A 的某些薄弱环节，甚至可能取代 Plan A。当然，制订 Plan B 会造成一定程度上的成本增加，在实际应用中要注意性价比，以不影响 Plan A 为宜。对于潜在的高危问题或已经暴露的风险，应优先考虑制订 Plan B。此外，战略上的 Plan B 往往比战术上的 Plan B 更重要。

3.8.4　避免盲目自信

很多工程事故都是由于工程人员的盲目自信所引发的，我们经常听到类似的论调："我在这一领域已经干了 10 年了，听我的，肯定没问题"，结果真出了事，惊呼："还有这种情况？！"甚至甩锅："这不是我的问题"。软件研发作为智力密集型工作，最靠不住的就是人，在人工智能完全替代人的逻辑思维前，人依然是最大的风险点。

盲目自信的根本原因是缺乏对意料之外事件的主动觉察能力，特别是消极因素的主动觉察能力，想当然地做出决策。指望工程师不自信是反人性的，需要有更"物性"的方式解决这一问题。从操作执行的角度，通过建立标准操作程序（Standard Operation Procedure，SOP）可以在一定程度上规避人员的主观判断；从项目管理角度，通过在项目各节点流转过程中设定"门禁"（如 PRD 准入标准、提测准入标准、发布检查单等），也可以减少人的乐观意识产生的负作用。

3.9 总结

本章主要介绍了项目管理中的提效手段，敏捷开发是本章的主线，也是我们推崇的优秀实践。

- 高质量、低成本和差异化已经很难超越当今市场白热化的竞争，超越市场需要的是速度与灵活性[6]。而敏捷就是尽早频繁地交付商业价值，非常顺应现在行业的发展趋势，以及我们对研发效能的追求。

- 敏捷开发不是一种范式，而是各团队基于敏捷价值观实践产生的解决方案。

- 持续改进是一个团队自驱力和先进性的表现，鼓励团队花时间反思，并勇于抛出问题，能够有效地避免当前迭代中已经发生的问题流入下一个迭代周期。

- 质量和效率不是互斥的关系，相反，高效的流程和快速的变化响应能够极大地减轻人的心智负担，遇到变化也能更及时地调整项目策略，这些都能促进质量的提升。

- 应以客观理性的姿态对待度量这件事，用度量来指导改进，而不是生硬地将度量指标加入 KPI 中，以期达到完美的效果。

- 好的图表自己能说话，善用可视化手段，提升研发效能透明度，最终为研发效能的提升铺平道路。

- 解耦是获得提速的一项有效手段，我们要尽可能地让软件研发过程中的各个角色不出现互相等待的情况，能够并行工作。

- 从端到端的角度度量效能，可以发现更多全局问题。

- 控制复杂度的一大法宝是，将影响复杂度的不必要因素在一开始就掐灭，即零容忍。

- 所有的编程人员都是乐观主义者，防御性思维就是要打破这个人性的弱点，鼓励"想得多"。

第 4 章

DevOps 落地实施精要

2001 年"敏捷宣言"的提出，对软件工程管理方法论是一次革命性的反思，人们逐渐意识到小批量交付、高频交付，以及拉通协作的重要性。伴随着越来越多的实践，这股思潮逐渐从项目管理层面蔓延到了基础设施建设乃至组织方式变革上。在 2009 年的 Velocity 大会上，时任全球大型图片分享网站 Flickr 公司运维部门经理的 John Allspaw 和工程师 Paul Hammond 分享了题为"每日 10 次部署：Dev 和 Ops 在 Flickr 的协作"的演讲，讲述了他们如何实现 Dev 和 Ops 共享的目标。同年，DevOps 之父 Patrick Debois 在比利时发起了首次 DevOpsDays 活动，这也是 DevOps 这个名词第一次出现在大众场合。

在传统团队的组织形式中，研发人员负责编码并交付可用的软件产品；运维人员负责部署、维护和监控工作。从实践角度看，这两个角色之间存在天然的矛盾点，研发人员希望实现更快、更多的交付需求，以体现自身价值，而运维人员偏向于维持稳定的系统，减少变更，因为运维人员的工作就是保证线上不出问题。于是我们就会看到这样的场景，研发人员认为运维人员不够积极，而运维人员也苦不堪言，认为自己背了锅。

如何解决这个问题？在《关键对话》一书中，作者提到一种解决分歧的手段，叫作"向上寻找共同目标"，那么研发人员和运维人员的共同目标是什么？显然，公司的业务增长和商业成功是两者都希望达成的共同目标。伴随着这一目标，我们希望达成一个没有隔阂的研发协作模式，在保证质量的前提下提升效能，这就衍生出了 DevOps 的理念。

4.1 DevOps 核心解读

DevOps 字面上是 Development 和 Operations 的组合，即开发、运维一体化，测试作为质量保障角色也会融合其中，如图 4.1 所示。一体化最大的优势就是打破壁垒、拉通职能，最终体现在效能的提升上，同时把握产品质量与业务增长的平衡点。在微服务模式大行其道的今天，服务单元越来越多，服务关系越来越复杂，负责各服务的技术人员越来越多，很多传统的运维技术和解决方案已经无法满足当前的运维需求，供养一支庞大的运维团队为研发团队"保姆式"服务的成本也是不可接受的。底层的基础设施建设、工具链的研发、工作流的改革和优化，都是 DevOps 组织需要解决的问题。

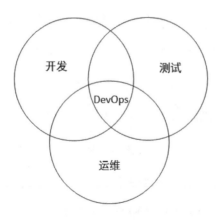

图 4.1　DevOps 的组成

虽然距离 DevOps 概念的提出仅 10 余年时间，但 DevOps 已经受到众多公司和团队的重视，成功的案例不在少数。在 2020 年的 DevOps 现状研究报告中，DevOps 相关团队的占比已经超过了 30%，而在所有 DevOps 团队中，成熟度较高的团队的占比也在稳步增长，这也证明了 DevOps 具有蓬勃的生命力。

4.1.1　DevOps 的"六大武器"

DevOps 究竟有什么魔力值得整个行业大力借鉴呢？下面让我们来领略一下 DevOps 的"六大武器"。

标准化作业

软件工程是极难标准化的工作，DevOps 倡导通过流水线、自动化等工作，达成流程上的不可变性，即标准化。我们认为，软件流程在特定领域中是可以标准化的，标准化的最大好处是能够固化流程，将人力从重复劳动中解放出来，同时有效地减少错误的发生。

快速失败

快速失败（Fast Fail）指的是尽可能在早期发现问题并立刻失败，避免问题隐藏至后期，进而增加解决成本。快速失败在计算机程序中大量使用，如 Java 的集合类，如果在迭代遍历时发现对象被修改，就会立即抛出异常，再如，Windows 提供"__fastfail"接口，在程序无法恢复时，立即终止进程，等等。在 DevOps 实践中，通常会引入 CI/CD 技术，通过高频集成和高频交付，将问题暴露在早期。

快速反应

国内的创业氛围在近 10 年间营造得很好，有不少独角兽公司脱颖而出。对一家成功的创业公司来说，快速反应可能是最重要的一个特质，这也是小公司相对于大公司最大的优势。要做到快速反应，将业务决策以最快的速度转换为技术产品，需要消除角色壁垒，尽可能用工具替代人力，并用流水线方式加速流程，这些都是 DevOps 的目标。

高质量与高效率

所有公司都希望能够在尽可能短的时间内，交付尽可能高质量的产品，也就是"又快又好"。DevOps 通过持续部署、快速反馈的方式，更好地将不确定性逐步转变为确定性，从而保障高质量交付。此外，快速迭代为高频交付建立了基础，这样即使有质量问题，也能够在短时间内从用户的感知期内抹除，这对提升公司的公众口碑也是大有裨益的。

降低成本

在 DevOps 引入的初期，公司的整体成本也许会在短时间内上升，这主要是由于团队对新模式不熟悉而引发的阵痛期。但当 DevOps 模式运作成熟，尤其是快速迭代的流水线初成规模后，软件研发的效率将大大提升，研发成本将明显降低，应对变化的能力也将大幅提高。

团队协作

DevOps 依靠工具和自动化（尤其是流程自动化）来弥补开发与运维之间的技能鸿沟和沟通鸿沟，将软件研发中的三大角色（研发、运维、测试）有效地黏合在一起，团队角色之间"有责无界"，为了更高的目标通力协作，这样的团队效率是非常高的。

4.1.2 自动化、自动化、自动化

自动化是 DevOps 的核心实践之一，也是 DevOps 工程师的重要工作。

在很多 DevOps 现状研究报告中都强调了测试、部署和流程自动化的重要性，而自动化工作在所有被统计的 DevOps 团队工作中的占比均超过了50%，足见各团队对自动化的重视程度。著名的软件公司甚至将 DevOps 解释为"使软件开发和 IT 团队之间的流程实现自动化的一组实践"，为用户创造持续的价值。

值得注意的是，虽然自动化是 DevOps 的重要实践，但 DevOps 绝不仅仅是建立自动化流水线那么简单。DevOps 是一种软件研发管理模式和思想，是一种文化实践，并不是具体的工具或技术，所有在保证质量的前提下提升效能的方法都属于 DevOps 的范畴。Flickr 网站的工程运营经理 John Allspaw 说过，DevOps 致力于让运维人员像开发人员一样思考，而开发人员则像运维人员一样思考。如果脱离系统化思考和实践，只是通过自动化管控流程，就会徒有 DevOps 的"形"，而没有 DevOps 的"神"。

4.1.3　DevOps 生命周期精解

DevOps 的实践涉及软件研发中的多个角色，因此其生命周期也涵盖了从产品开始到结束的方方面面，并都带有 DevOps 的特色。根据目前业界的主流观点，可以将 DevOps 的生命周期划分为 7 个阶段：持续开发、持续集成、持续测试、持续监控、持续反馈、持续部署和持续运营，下面分别展开介绍。

持续开发

持续开发包含计划和编码工作，伴随这一阶段的工具主要有代码仓库、版本控制工具、包管理工具，以及一些计划可视化方法，如甘特图、燃尽图等，也会涉及分支管理、单元测试等工作。

持续集成

持续集成是 DevOps 中最核心的组成部分，通过频繁地提交代码、频繁地编译代码、频繁地构建项目、频繁地执行单元测试等，不断高频集成，贯彻快速失败的原则，尽可能早地收敛问题。持续集成的过程如图 4.2 所示。

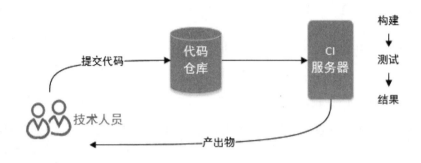

图 4.2　持续集成的过程

持续测试

持续测试需要确保软件代码的每一次提交都能够被及时验证，并输出完整的质量反馈。纯人工的方式很难做到持续测试，自动化测试和容器化手段是这一阶段的标配。

持续监控

这里的监控不仅是指对软件运行状况的监控，还包括对 DevOps 各项工作执行的监控，以便我们及时做出处理和纠正。持续监控还可以提供历史趋势信息，帮助我们更好地提供决策依据。

持续反馈

整个软件研发周期的每一项工作都对外暴露了大量的信息，持续反馈在每个关键节点介入，以各种形式总结输出反馈建议，并不断改进，从而推动项目良性循环。

持续部署

持续部署同样基于高频的理念，尽可能早地让软件产品接受生产的检验，快速发现并收敛问题，保证软件产品及早与用户见面，具体过程如图 4.3 所示。

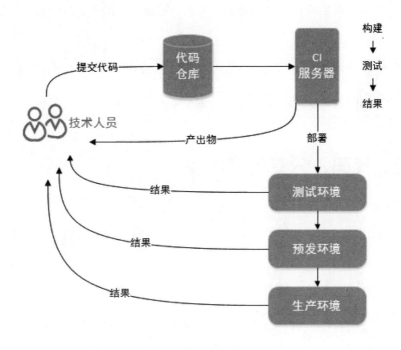

图 4.3　持续部署的过程

持续运营

运营阶段涉及对事件和变更的管理，如配置管理、容量管理、高可用管理、用户体验管理等，是 DevOps 的最后一个阶段。运营也是一项连续性的工作，是需要持续不断进行的。相对于其他周期项，持续运营更需要具备全局视角，才能做到目无全牛。

4.1.4　DevOps 不适合的场景

虽然业界基于 DevOps 已经有了不少成功的实践，但凡事都有两面性，不应将 DevOps 的功能过度神话。

在一些传统行业或政府机关，软件需求较为固定，甚至会采用外包的方式，且研发周期较长，对质量要求很高。在这种情况下，DevOps 模式的意义不是很大。

在传统金融领域或一些从事机密行业的商业机构，由于自身的安全性要求较高，内部各项限制非常严格，也不太适合 DevOps 的落地和推广。

4.2　代码、分支与流水线

代码是软件产品的原始生产产物，经过编译、构建、测试、发布、部署后，形成可用的产品对象。就好比厨师拿到新鲜的食材后，通过洗涤、加工、烹饪、摆盘等一系列工作，呈现出精美的菜肴。

在这一过程中，有三个重要因素对研发效能起到关键作用。第一是代码，软件产品究其本质都是由代码构成的，代码的质量直接决定了整个研发周期的投入和产出，著名的 GIGO 原则阐述了这一观点，即输出质量是由输入质量决定的，糟糕的代码几乎不可能发展成为高质量的产品。

第二是分支，我们探讨的不是小作坊式的单人开发模式，软件开发团队需要在同一代码基础上并发进行多个功能的代码编写活动，显然不可能让员工在相同文件上作业，这时候就需要分支和配套的工作流。分支的实质是能够让研发活动并发起来，提升效率。

第三是流水线，在上述例子中，无论是软件代码的集成和交付过程，还是厨师生产美味佳肴的过程，都是一道道工序不断向前推进的持续过程。流水线一方面可以使流程固化，避免人为因素造成的不确定性；另一方面能够透明地将每道工序的结果呈现出来，便于及早识别问题。

4.2.1　代码质量

代码质量的重要性不言而喻，尤其在面对快速变化的需求和不确定的市场发展趋势时，代码质量会受到成本、时间和范围的三重约束，如何更快、更好地保证质量，就成为一个突出的问题。图 4.4 展示了质量与成本、时间、范围的关系。

图 4.4　质量与成本、时间、范围的关系

需要明确的是，代码质量不是研发单体的责任，发现质量问题也不是测试单体的责任。我们所谈到的代码质量是需要由软件项目中涉及的所有角色共同保证的，目的就是尽可能早地将质量问题消除在源头。绝大部分

缺陷都是在编码阶段"写"出来的，而问题发现得越早，修复的成本就越低。

测试驱动开发

测试驱动开发（Test Driven Development，TDD）是极限编程引入的一种方法论，该方法论要求在撰写代码前，就开始编写测试用例。TDD 试图将测试工作从软件研发流程的下游逆转至上游，从而达到更快暴露质量问题的目的。

从实践角度来讲，狭义的 TDD，即 UTDD（Unit Test Driven Development，单元测试驱动开发）对研发模式的侵入性是比较大的，现实中很多研发人员会不习惯，导致推广困难。我们可以考虑将测试工作上升至业务层，推行 ATDD（Acceptance Test Driven Development，验收测试驱动开发），先定义质量标准和验收细则，再通过自动化测试的方式进行验收，这样就能够在代码编写和交付阶段预防缺陷。

ATDD 在实践中有很多落脚点，比如，有的团队研发提测质量很差，这时我们除了可以将冒烟用例或回归用例前置，还可以将新功能的验收标准以一览表（checklist）的形式在编码阶段同步给出，哪怕暂时还没有实现自动化，研发人员在提测前也可以先行人工验证这些标准是否符合要求，若有问题则进行改进和修复。

测试人员与开发人员结对测试也是一种实践性较强的工作方式，能够有效地让开发人员参与到质量保障工作中去，同时消除因对产品需求理解不一致所产生的缺陷偏差。在多家公司的实践中，结对测试都能在不延长项目交付周期的情况下，更好地保障质量。

静态扫描

静态扫描是一种成本较低的质量保障手段，它最大的好处是不需要运行代码，仅仅通过分析静态代码结构和抽象语法树，就能发现潜在的风险和违反规约的地方。目前市面上比较流行的静态扫描工具有阿里的代码规约扫描工具、Sonar、Findbugs、PMD 等。

我们基于 Java 语言，以 Sonar 作为静态扫描工具，通过将代码抽象为上下文语法树，并与模型相匹配来识别出代码风险。如图 4.5 所示，默认规则下扫描出的高危问题，都需要重点考虑并及时修复。

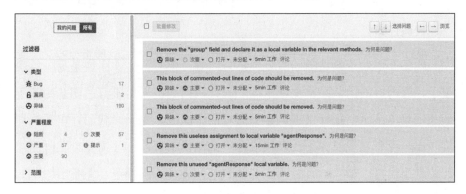

图 4.5　Sonar 扫描结果

代码规约也是静态扫描的一个范畴，虽然违反代码规约不一定会直接产生问题，但它会给代码的可读性和可维护性带来深远的影响，最终依然会引发质量问题，甚至会更难解决。我们以阿里的代码规约扫描工具为例，观察一下结果，如图 4.6 所示。

由于静态代码扫描的成本低，所以适合在软件开发的早期阶段实施，比如，可以在 IDE 上安装插件，在本地编码时就能实时反馈问题。静态代码扫描还可以集成到 CI 流程中，在每次提交代码后，自动触发扫描并反馈结果。

图 4.6　阿里的代码规约扫描结果

代码评审

代码评审对质量保障的重要性不言而喻，但实际工作中就是另一番景象了，做得好的团队经常能够主动发现代码问题，做得不好的团队则流于形式，草草签字、画押了事。这里面有两个原因，第一，代码评审很难评价产出，没有发现问题不代表代码评审就做得不好，往往需要一段时间才能体现出价值；第二，有些团队非常教条地进行代码评审，不考虑团队的现状和特点，造成团队成员的反感，使代码评审反而成为团队的负担。比起测试和静态检查，代码评审作为一种当面交互的形式，理论上应该能发现更深入的质量问题，关键在于如何有效地实施，使其真正地发挥价值。

我们认为，代码评审不仅仅是一种检查代码的手段，更是信息互通的一个途径，它的本质并不是挑毛病，而是集众人之所长，达成全局最优的一个过程，这是一种优秀的团队文化和习惯。此外，每个团队都有自己的特点，甚至同一个团队在不同的阶段也会有不同的工作方式，代码评审需要因地制宜，以人为本。比如，在一个人员非常稳定、技术栈也高度统一的团队，代码评审可以侧重业务逻辑实现；在一些重构项目组中，涉及跨语言编码的工作，代码评审应偏重语言差异的部分；在人员变动大的团队，代码评审则更多考虑代码规约，等等。

代码评审一定要在代码合并至主干分支前进行，评审完成后再进行正式的测试工作。代码评审可以借助工具进行，比如将代码投放到大屏幕上，以团队面对面的形式展开，由代码编写者记录问题，尽可能在评审当天优化或修正。注意，代码评审是代码编写的一部分，没有经过评审的代码，是未完成的代码。

4.2.2　分支与工作流

几乎所有的版本控制系统都以某种形式支持分支，使用分支意味着每个人的工作可以从开发主线上分离开来，以免影响开发主线。

分支的存在允许多人同时工作而互不干扰，不过我们总要在某个时机，将多分支代码合并成一份，以便生成最终交付的代码版本，这个过程涉及版本管理、发布管理、缺陷修复等一系列环节。这时就需要建立一定的规则，将整个流程有效地管控起来，我们将这类规则称为"工作流"。

目前主流的工作流包括 Git Flow、GitHub Flow、GitLab Flow 等，我们来简单地了解一下这些工作流的特点和优劣势。

Git Flow

2010 年，荷兰程序员 Vincent Driessen 发表了一篇关于分支策略的博客，文中详细介绍了他设计的基于 Git 的分支策略，这项开创性的实践发展至今已被广为应用，这就是著名的 Git Flow。

如图 4.7 所示，Git Flow 一共设计了 5 种分支，其中包含两种长期存在的"主要分支"（master 和 develop）和三种暂时存在的"协助分支"（feature、release 和 hotfix）。

- master 分支上保持的版本必须是时刻可以发布运行的，因此不允许在 master 上直接进行修改和提交，只有其他分支的代码经过一系列的流程验证后，才能合入 master。

- develop 分支是代码开发的基准分支，也不允许直接修改和提交。

- feature 分支是开发者编码的主要工作分支，在 develop 分支建立完成后，通过 PR 的方式合并回 develop 分支。

- release 分支是用来进行版本发布的分支，发布成功后分别合入 develop 和 master 分支。

- hotfix 分支用于处理紧急 bug 修复，在 master 分支建立、修复完成后，hotfix 分支将合入 develop 和 master 分支。

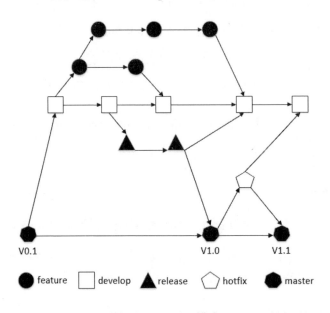

图 4.7　Git Flow 模式

Git Flow 虽然强大，但整个流程却较为繁杂，我们仅仅是简单叙述了它的基本概念也花了一定的篇幅。此外，Git Flow 非常适合多版本共存的开发模式，但移动互联网时代已不再崇尚这种模式，Git Flow 的发明人 Vincent Driessen 本人也提及过这一变化，并建议此类互联网公司可以向 GitHub Flow 转型。

GitHub Flow

GitHub Flow 是面向持续部署的工作流，它将极简精神发挥到了极致，整个工作流只有 master 分支和 feature 分支。master 分支依然保持可发布状态，并禁止直接提交代码，所有 feature 分支均从 master 分支建立，通过 PR 的方式提交合并审查，并在部署后完成合并。

GitHub Flow 倡导在合并前集成（Integration before Merge），以便及早发现问题，尽可能规避对主干分支的影响。GitHub Flow 依赖于高度的流程自动化，其中包括部署工具和测试自动化。

GitLab Flow

在实际应用中，Git Flow 的复杂度较高，而 GitHub Flow 却又过于简单，因此各大公司都在定制自己的工作流。例如，公司的发布窗口为每周二和周四，这意味着我们无法随时进行部署和合并，可能会有多个 feature 等待合并的情况发生。此外，还会遇到多环境测试的问题，有些团队在实践中会再引入一个 test 分支，从而进一步增加了复杂度和风险。

对于这些问题，GitLab Flow 是一个不错的解决方案，它主要在发布环节做了一些改进，引入了所谓的 production 分支和 pre-production 分支，分别对应生产环境和预发环境，还引入了 master 分支对应集成环境。代码合并时，若非紧急情况，一般应按照环境依次进行，这期间都要经过验证，这就是 GitLab Flow 最大的特点，我们称之为"上游优先"。它在保证并行开发的同时，兼顾了多环境部署的工作。

现在，我们了解了目前主流的工作流的特点，那么如何选择合适的分支策略呢？

没有最好的分支工作流，只有适合的分支工作流，下面列举一些不同的业务形态所适合的分支工作流，供读者参考。

- 小规模团队，共同开发人数少于 3 人：直接使用主干开发模式。
- 大规模团队，App 端产品，有固定的发版时间：使用 GitLab Flow。
- 大规模团队，基础设施产品，发版时间自由，但质量要求高：使用 GitHub Flow。
- 大规模团队，产品需要同时维护多个版本，且周期较长：使用 Git Flow。

4.2.3　流水线

流水线在计算机领域已经得到了大量应用，在 CPU 中就有各种电路单元组成的指令处理流水线，单条指令拆分后，交由这些单元分别执行，在一个 CPU 时钟周期内就能完成一条指令。

从 DevOps 的视角看，流水线是持续交付的载体，通过构建自动化、集成自动化、验证自动化、部署自动化等工作，完成从开发到上线的持续交付过程。其中，每个环节相当于 CPU 中的各个电路单元，在整体上形成了并行的效果，通过持续向团队提供及时的反馈，让交付过程高效、顺畅。

　　此外，精益理论强调了价值流动的重要性，而价值流动需要通过一定的方式来体现，DevOps 流水线从某种程度上说就是一个很好的载体，因为它几乎覆盖了整个端到端的流程。在流水线上，各环节流转得越快，价值流动就越快，这间接体现了公司的研发效能。

　　业界著名的持续集成和持续交付工具 Jenkins 在 2.0 版本中，提出了 Pipeline as Code 的概念，通过脚本的方式将构建、集成、测试、部署等工作连接起来形成流水线。我们来看一下如何基于 Jenkins 构建轻量级的流水线实例。

　　Jenkins Pipeline 支持声明式和脚本式两种脚本编写方式，前者语法限制多，偏模板化，而后者则更自由，善于应对复杂的需求。下面我们以声明式的方式尝试编写一个流水线脚本，覆盖代码拉取、构建、部署、测试等一系列环节，具体代码如下。

```
pipeline {
    agent any  //在可用的节点运行
    stages{
stage ('Prepare'){
        ...
}

        //拉取 GitHub 代码仓库
        stage ('Checkout'){
            ...

        }
        //构建
        stage ('Build'){
            ...

        }
```

```
    //部署
    stage ('Deploy'){
        ...

    }
    //自动化测试
    stage ('Test'){
        ...

    }
  }
}
```

在 Jenkins 中新建一个 Pipeline Job，配置完脚本后执行，即可看到效果，如图 4.8 所示。

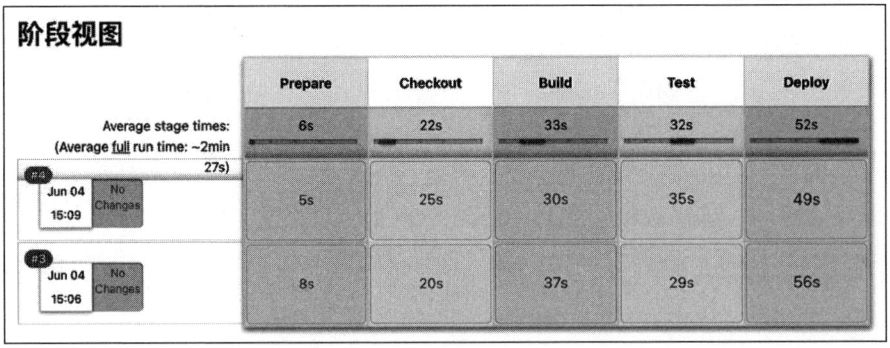

图 4.8　Jenkins Pipeline 执行效果

4.3　持续集成与持续交付

在 DevOps 实践中，持续集成（Continuous Integration，CI）和持续交付（Continuous Delivery，CD）恐怕是出现频率最高的两个词了，但同样也是被误解最多的概念。笔者在公司主持面试的过程中经常问及两者的概念，能够解释清楚的面试者屈指可数。这其实也反映了 DevOps 在国内实施的一种境况，大家都在追捧这个概念，决策层通常不假思索就建起了一个 DevOps 团队，但 DevOps 团队究竟能带来什么，需要做什么，以及是否适合，则普遍缺乏深入思考。

持续集成和持续交付中有几个关键词：集成、交付和持续，通过这几个关键词可以很好地帮助我们理解两者的概念。

集成，指部分向整体合并的过程，比如，某工程师研发的代码，将其合并到主干的过程就是集成，这其中涉及编译、打包、构建、单元测试等工作。

交付，指将软件产品移交给质量团队或用户评审的过程，评审完成的下一步就是部署至生产环境。

持续，这个概念可以参照我们之前谈到的流水线作业，通过将任务化整为零，由单个节点完成一部分工作后，交由下一个节点执行，当任何一个节点出现问题时就执行快速失败（Fast Fail），这一方面加快了周转速度，另一方面能够及早暴露问题。正如软件大师 Martin Fowler 所说："持续集成并不能消除缺陷，但可以让它们非常容易地被发现和改正"。

举个例子，卫生间贴瓷砖时，遇到一些不规则的墙面需要切割一部分瓷砖，这时如果一次性都切割好才发现尺寸不对就麻烦了，所以有经验的师傅宁愿切割一块贴一块，有尺寸偏差也能够早发现、早改正，这就是持续集成。同样的例子，当瓷砖全部贴完以后，客户验收时发现彩色的瓷砖都贴错了位置，这时只能全部返工重做，如果师傅能在贴完一面墙后，让客户先验收确认一下，就可以减少返工的成本，这就是持续交付。

持续集成和持续交付能够帮助我们在保证质量的前提下加快交付速度，从而有效地支撑高频试错。在速度为王的市场竞争环境下，这项能力甚至是决定性的，这也是为什么那么多公司对 DevOps 趋之若鹜的主要原因。下面，我们从工程化的角度来看一下持续集成和持续交付的轻量级落地方式。

4.3.1　持续集成与持续交付的轻量级实施

虽然 Jenkins 提供了持续集成和持续交付的功能，也被业内大量采用，不过，有没有更轻量级的快速实施方式呢？答案是肯定的。

如果你的项目基于 GitLab 作为代码仓库，那么就可以使用 GitLab 默认提供的 CI/CD 工具，贯穿 CI/CD 的整个生命周期。由于其本身就是 GitLab 的一部分，所以省去了不少对接代价，对中小型项目来说，这是一种成本非常低的搭建方式，未来若有需求也可以切换到 Jenkins 等平台。

GitLab CI/CD 的核心集中在一个被称为.gitlab-ci.yml 的 YAML 文件中，在这个文件中，我们可以定义一系列 Job，以及它们的执行内容。举个简单的例子，我们定义两个 Job，前者执行一条命令，后者则顺序执行两条命令。命令，即代码中的 script，既可以是可执行命令，也可以是运行一个外部脚本。每个 Job 都会被隔离的 Runner 执行，互相没有依赖，具体代码如下。

```
job1:
    script: "job1 的执行脚本命令(shell)"

job2:
    script:
```

```
    - "job2 的脚本命令 1(shell)"
    - "job2 的脚本命令 2(shell)"
```

我们来看一个稍微复杂点的例子，下面的脚本展示了较为完善的 CI/CD 流程支持。其中，通过 image 和 services 关键字指定了使用的 Docker 镜像和服务。before_script 和 after_script 提供了在所有 Job 执行前后进行准备和收尾工作的功能。

```
image: ruby:2.1
services:
  - postgres

before_script:
  - bundle install

after_script:
  - rm secrets

stages:
  - build
  - test
  - deploy

job1:
  stage: build
  script:
    - execute-script-for-job1
  only:
    - master
  tags:
    - docker
```

stage 标注了运行的阶段，比较难以理解，可以认为 stage 就是顺序性的标记。顺序性体现在 stages 这一段，build、test 和 deploy 三个阶段是严格按顺序执行的。而标记则体现在每个 Job 中，可以通过 stage 关键字将这一 Job 纳入某个阶段，相同阶段内的 Job 是并行执行的。任何一个前置 Job 执行失败，流程都不会继续往下走，除非这一阶段的任务被设置为允许失败。

我们通过上面这个.gitlab-ci.yml 文件建立了一种脚本编排方式，来串联整个 CI/CD 流程。接下来，我们还需要将其中的 Job 实际运行起来，这时就需要 GitLab Runner（以下简称 Runner）来施展手脚了，通过 tags 标签可以指定合适的 Runner。

Runner 是和 CI/CD 配套使用的，分为共享型（Shared Runner）、分组型（Group Runner）和指定型（Specific Runner），前两者服务于所有任务或子任务，后者只服务于指定任务。GitLab 本身并不提供 Runner 的执行环境，因此我们需要自行安装 Runner，并注册到 GitLab 上，这一过程繁而不杂，可以参考 GitLab 官网的最新文档，按步骤实施即可。独立部署 Runner 的方式很好地将脚本和运行环境做了隔离，甚至可以将其与第三方开放平台对接，并且对 Docker 等容器方案也很友好。

以上工作均完成后，GitLab 能够以流水线的方式运行整个 CI/CD 流程，如图 4.9 所示。

GitLab CI/CD 为我们提供了一种轻量级的 CI/CD 实现，简单但功能强大。在 2020 年的 CNCF 调查报告中显示，使用最多的两种 CI/CD 工具分别是 Jenkins（53%）和 GitLab CI/CD（36%），这也从侧面印证了其生命力和大众接受度。

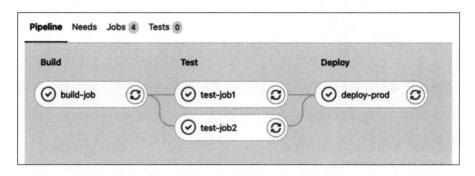

图 4.9　GitLab 流水线

4.3.2　持续集成与持续交付的误区

当一种技术理念或思想日益盛行的时候，往往也是各种误区层出不穷的时候，大量光鲜亮丽的优秀案例不断涌现的同时，背后可能隐藏了更多失败的尝试。罗马不是一天建成的，这些失败的案例也不都是负面的，无数失败才造就了成功。下面，我们通过分析一些 CI/CD 的误区案例，举一反三，触类旁通。

误区一：DevOps 就是 CI/CD

持续集成和持续交付是 DevOps 的重要组成部分，但不是全部，不能视为充要关系。事实上，将 DevOps 的概念直接对应于 CI/CD 本身，就说明没有领悟 DevOps 的真谛，在这种错误认知的支配下，也不难理解有些 DevOps 团队仅仅是建立了 CI/CD 流水线，就认为万事大吉了。

CI/CD 只是 DevOps 理念的一种落地方式，是一种技术手段，包含了一些工具和平台，工具和平台永远只是"点"，而将这些点串联成"线"甚至是"面"的持续运营和推动才是真正发挥价值的地方，最终对整个团队的文化产生影响，这才是 DevOps 追求的东西。

误区二：坚守固定的 CI/CD 流程

每家公司、每个团队都有不同的特点和发展阶段。在一些小规模的初创团队，我们会看到大量项目采用了主干开发的工作模式，发布和部署的对象可能就只是一个 Jenkins Job，通过面对面沟通的方式串联流水线，一样能够运作得很好，而且效率很高。

但是，当公司业务发展到一定的规模，尤其是业务复杂度剧增之后，为了使代码复杂度不至于呈指数级上升，同时尽可能让研发工作能够并发进行，就需要拆分领域，走微服务路线。这时原有的 CI/CD 流程就需要针对各种变化（新的分支策略、服务数量的增加、发布和部署的管控措施等）及时做出相应的调整，自动化流水线也成为重点，因为面对面的沟通模式已经遇到瓶颈。如果服务的数量进一步增加，那么我们还需要在 CI/CD 流程中引入容器化技术，以降低资源消耗。

在这一过程中，固守陈规、以静态思维看待问题将极大地拖累团队的研发效能的提升，因为 CI/CD 是贯穿整个研发流程的。相反，我们可能需要推翻过往的一些非常成功的实践，因为它们已经不适用于新的形势，这是需要勇气的。唯一不变的是变化，一位优秀的技术人员要能够持续地学习，并前瞻性地做出改变，甚至改变自己做出的结论。

误区三：盲从权威

很多尝试通过 CI/CD 建立流水线的团队会参照一些领先公司的做法，这本身没有什么问题，已经被证明成功的实践可以让我们少走不少弯路。但是，在学习这些优秀经验的同时，一定要了解这些领先公司的实际业务场景，直接照抄的结果往往都不太理想。

比如，对源代码的管理，一些知名的国外 IT 公司采用了 Mono-Repo 的方式，即所有的代码都放在一整个"大库"里，这种做法可以简化依赖项管理，集合分散知识库，新手也能快速上手搭建系统。听起来很美好，那么我们是不是可以立刻将项目全部都切换至这种模式呢？

在实施 Mono-Repo 的背后，这些国外知名公司都对代码仓库进行了大量的个性化改造，以支撑单一构建和无依赖管理，继而形成了更轻松的代码协作与共享模式，这非常符合这些公司开放自由的企业文化，但代价也是巨大的。我们倾向于从技术最成功的公司那里寻求最佳实践的指导，但也要看到这些公司达成目标所投入的巨大工程量，大公司在规模化上所做的权衡，可能并不适合你的初创公司，况且大公司也会做出错误的技术选型，所以不应"船货崇拜"（Cargo Cult）。

简而言之，在参考他人的实践时，要知其然，更要知其所以然。

4.4　容器技术在 DevOps 中的应用

容器技术是当今互联网的热门方向，凭借其操作系统级的虚拟化技术，能够做到轻量级的开箱即用，可移植性强且成本较低，可以快速弹性伸缩等，这都是传统虚拟机技术所无法比拟的。

容器技术为 DevOps 提效提供了一个重要手段，使得我们可以在日益增长的服务规模下，仍然可以低成本地保障整条流水线的高效运作。下面我们通过技术演进的方式，通览容器技术在 DevOps 中的应用。

4.4.1　无容器化管理

在小规模业务场景中，现有的 CI/CD 开源技术和简单部署的方式，已经能够满足绝大部分需求，这时容器技术不是必选项，如图 4.10 所示。

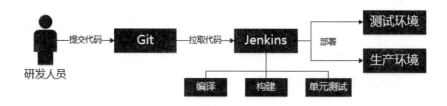

图 4.10　无容器化 CI/CD

在整条流水线中，我们通过 Jenkins 作为调度枢纽，连接代码仓库和各种环境，并执行单元测试等验证工作。由于服务规模不大，所以 Jenkins 原生的分布式部署方式，完全可以满足需求。

4.4.2　持续集成的容器化

随着服务规模的扩大，需要集成和构建的服务越来越多，而且通常情况下伴随着业务的增长，研发人员的数量也会越来越多，集成的密度和频率也会大大增加，这时候持续集成系统就很容易成为瓶颈。

Jenkins 的分布式模式依然是解决这一问题的法宝，通过部署大量 Slave 节点来执行构建、单元测试等工作，Master 节点作为调度中枢，可以在一定程度上满足需求。但这种方式的成本较高，因为集成的密度一般都是不均匀的，工作日白天大家卖力工作，代码产出量高，集成的需求频繁，而到了深夜或是周末，集成的需求就变得非常少了。传统的分布式模式，若要保证高可用，就必须以最大使用量为基准，始终冗余大量的资源，即便是在低峰期也是如此，显然成本很高。

于是，我们考虑引入容器技术，可以先在 Jenkins 中配置多个 Slave 节点，这些 Slave 节点在需要执行具体任务时才创建容器镜像，执行完毕后立即销毁，实现资源的合理利用。这样做的一个好处是，我们可以事先准备不同环境的镜像，满足多语言项目的构建和集成工作，在环境上不会有任何冲突，最终效果如图 4.11 所示。

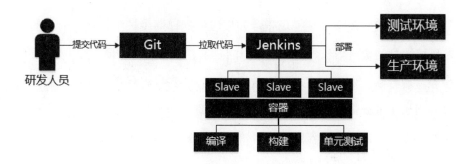

图 4.11　持续集成的容器化

4.4.3　持续交付的容器化

在持续交付方面，我们更多会考虑通过引入容器技术提升环境部署方面的效率。如图 4.12 所示，直接使用 Docker 结合 Registry 可以应对比较简单的场景，在集成阶段将服务镜像打包并推送至 Docker Registry，在交付阶段则选取相应的镜像拉起容器，并完成部署工作。

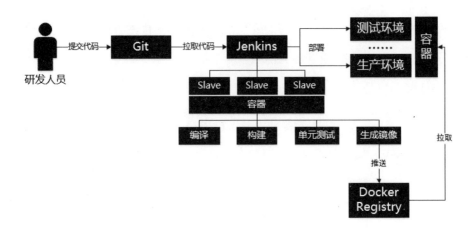

图 4.12　持续交付的容器化

以上方式只适合小规模场景，如果服务规模逐步扩张，随之而来的就是环境数量的快速增长、集群化能力的要求、服务发现和调度能力的支持，等等。这时候，上述方案缺乏高效编排能力的劣势就展露无遗，我们需要引入诸如 Kubernetes 等技术对容器进行管理，包括服务发现、负载均衡、弹性伸缩等工作，提升容器的使用效率，如图 4.13 所示。

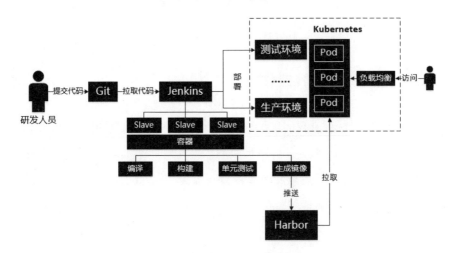

图 4.13　大规模持续交付的容器化

基于上述实践，我们解决了高效部署服务和环境的问题，但是，作为 DevOps 的另一个重要环节，测试的效率仍然较低，如何解决这一问题？

4.4.4　测试环境的容器化

在微服务体系下，测试环境面临的痛点是比较多的，环境不够用、环境不够稳定、环境数据污染等每个问题都极大地影响测试工作的效率。前面我们谈到了容器技术在环境部署上的应用，那么是否可以更进一步完善测试环境的治理工作呢？答案是肯定的。

我们先从最简单的测试环境开始，如图 4.14 所示，每个服务通过容器化部署完成后，组成一个基础环境，在这个环境内各服务可以互相调用。这样的单一环境模式显然是有问题的，首先，可用性无法保证，任何一个服务出问题都可能会直接影响链路上的其他服务；其次，无法支撑多需求并行测试，在只有一套环境的情况下部署多套代码会产生冲突。

图 4.14　基础环境

那么，是不是可以部署多套基础环境分别给不同的项目使用呢？恐怕也不太妥当，除非公司的服务规模较小，否则通过冗余全量环境的方式支撑并行开发和测试，会造成资源的消耗和管理的投入呈指数级增加，况且这也没有解决环境可用性的问题。

我们换个角度思考，假设某个业务需求只需要在一个服务上进行代码开发，那么在测试时只要部署这个服务就可以了，其他被依赖的服务是完全可以复用的，不需要重新部署。如图 4.15 所示，我们通过容器技术将变更的服务单独搭建一个项目环境，外部通过流量标的方式控制服务路由的走向，其中流量标的透传和路由是需要通过中间件做一定的改造来支持的。

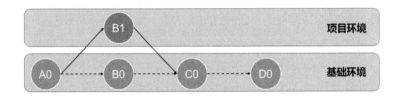

图 4.15　项目环境

细心的读者也许会想到，基础环境中的服务也不一定是稳定的，比如，当某服务重新部署的时候，就会影响其他服务。这时我们就需要对基础环境进行管控，比如，不允许在基础环境中做任何人工部署工作，系统会定期将主干分支的最新代码自动部署至该环境。这样形成的终态是，如图 4.16 所示，我们始终都有一个非常稳定的最新的主干环境，而所有的测试工作都基于项目环境的模式，项目环境是瞬态的，在测试完成后即销毁，这样既保证了随时能够有稳定的测试环境，又能够降低资源和管理成本，而这些都得益于容器技术的加持。当然，这里我们将重点放在了服务容器化，但测试环境的配置和数据同样会影响环境的稳定性，这个问题需要另行解决，我们在第 5 章（5.6 节）会继续展开这部分内容。

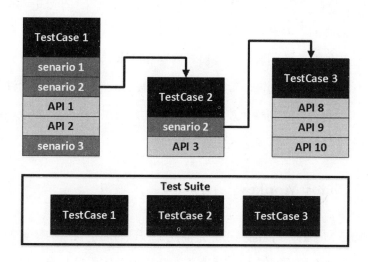

图 4.16　主干环境

4.5　混沌工程

随着越来越多的公司投身于微服务和分布式体系，系统的复杂度直线上升，质量保障的难度也随之增加。传统的质量保障工作往往将质量定义为一个"确定性"问题，希望通过测试尽可能检测出软件系统内的所有问题，越是逼近这个目标，质量的确定性就越强。然而，在大型分布式系统环境下，服务依赖错综复杂，上下游关系盘根错节，穷举测试几乎是不可能的，因为我们面对的是一个充满不确定性的系统，因此需要转变思路，用应对不确定性问题的方式，最终解决这一问题。

混沌工程为我们提供了一种崭新的思路，也是 DevOps 研究的一个热门方向。混沌工程的基本思路是，既然我们在事前无法将软件质量的确定性测量出来，也无法避免突发故障的发生，那么就要接受系统一定会存在缺陷和发生故障的混沌态，通过一系列的演练频繁暴露这些问题，在不断优化和改进软件系统的同时，倒逼质量内建和防御意识的提升，做到面向失败设计（Design For Failure）。这就有点像是打疫苗，通过人为地注入一些加工过的"病毒"来刺激免疫系统产生抵抗力，在未来遇到类似病毒时，免疫系统能够识别并消灭这些病毒。

4.5.1　Chaos Monkey

Chaos Monkey（混乱猴子）是混沌工程最著名的实验方法，想象一支痴迷于捣乱的猴子军团在机房里乱窜，随机地关闭服务节点，以验证系统的健壮性和弹性。Chaos Monkey 在诸如 AWS 等大型云服务系统上已经得到了广泛的应用（可以查阅 Netflix 的 GitHub 主页，获取更多信息），并衍生出更多猴子，如 Latency Monkey（引入延时来模拟服务降级）、Chaos Gorilla（模拟整个可用区故障），等等。

在实际场景中，Chaos Monkey 的破坏场景可以是非常多样的，其基于的思想是：故障是一定会发生的，且我们无法阻止，要应对故障最好的办法就是"经常故障"。比如，SSD 的年故障率约有 1.5%左右，如果我们的机房有超过 100 份 SSD 在工作，那么从概率的角度看，一年一定会出现损坏的情况，其他硬件也是同理。此外，在服务运行的过程中，负载不均、磁盘打满、网络抖动等场景都是猴子的破坏范围。我们将这些场景分门别类后，汇总如图 4.17 所示。

Chaos Monkey 是一种实践，具体实施方式可以视情况而定。我们可以随机登录一些服务器，通过 tc 命令制造网络丢包和延迟，以达到破坏的效果。对于 Java 应用，字节码修改也是常用的代码篡改手段，可以用来制造一些代码故障。此外，在 Chaos Monkey 中还可以植入服务框架，如 "Chaos Monkey for Spring Boot" 项目就利用了 Spring AOP 的原理，动态植入了延迟攻击、内存攻击、异常攻击等破坏性内容。

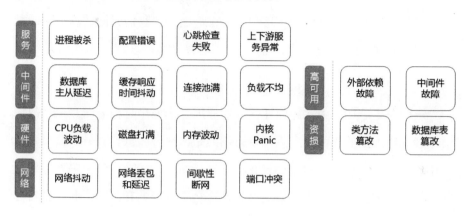

图 4.17　故障场景

4.5.2　混沌工程的实施要点

上面我们谈到了混沌工程的一些实施形式，下面我们就实施中的一些要点做进一步的介绍。

在生产环境中实施

在传统的认知中，我们都不希望在生产环境中进行演练，因为这样做存在风险，但这样的认知也存在弊端。比如，TiP（Test in Production）也许是一种非常高效的测试手段，但出于对生产环境稳定性的担忧，很少有公司愿意在这上面投入精力。

对于混沌工程，我们建议在生产环境中进行演练，有两个很重要的原因。第一，生产环境是最贴近实际用户，也最贴近技术团队的环境，生产环境拥有最完备的监控、告警、容灾和故障转移手段，在生产环境中进行演练，最能反映系统健壮性的真实情况，也最能够调动团队的警觉性。第二，生产环境是与外部用户对接的唯一渠道，无论我们在测试环境中模拟多少场景，都不可能有生产环境那么丰富，因此，我们无法估算故障的影响面是否已被完全暴露，唯一的办法就是通过生产环境的真实流量实施验证。

害怕在生产环境中实施混沌工程的原因，无外乎是担心一旦出现故障会出现无法控制的局面，产生不良影响或是出现一些意料之外的风险，从而引发不必要的损失。但是如果我们不进行演练，故障会消失吗？显然故障还是存在的。正确的观念应该是正视这些不良影响和风险，并尝试对其进行控制，而不是无视问题的存在。

最小化爆炸半径

我们希望通过破坏性实验发现系统隐患，但并不是盲目地破坏，需要有一定的策略将影响面控制在最小半径下，循序渐进地展开工作。

一种有效的手段是控制破坏的范围，比如，单次破坏只针对单个机房范围内，每个集群只注入一台服务器或实例，每次只注入一种类型的异常，不对特别敏感的安全服务进行破坏，等等。

另一种手段是控制破坏的时间，比如高峰期、大促活动封网期、其他演练期等不进行破坏，总的演练时间不超过一定的阈值，等等。

此外，混沌工程的推行应遵循由局部至整体、由边缘到核心的原则。比如，从非核心服务开始试点，从调用关系简单的链路开始实施，再推广至更大的范围。实施时执行人员要严密盯盘，一旦产生预期外的影响，应及时终止故障注入。

攻防演练

攻防演练是一种非常好的混沌工程实施形式，在大型互联网公司也有不少实施案例。演练的过程有点像军事演习，技术团队被分成攻击方和防御方，攻击方负责准备故障注入场景和脚本，并选择一个窗口期执行注入；防御方则需要努力在一定的时间内发现问题并及时响应，同时采取措施解决问题。若防御方在规定时间内未响应或未修复问题，则攻击方胜利，反之则防御方胜利。

演练双方通常出自同一业务领域下的技术团队，但双方必须严格遵守保密纪律，尤其是攻击方不得提前透露故障注入的场景和时间，除非防御方超过规定时间未响应，这时需要主动告知防御方，以便及时修复问题，避免不必要的损失。演练完毕后，攻守双方要及时复盘，将演练过程中遇到的问题记录下来，并持续改进和优化。图 4.18 展示了攻防演练的大致流程。

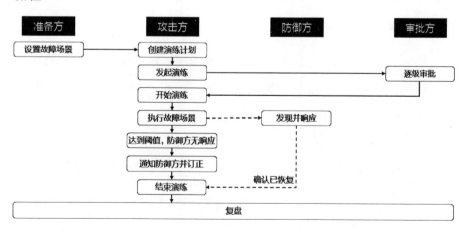

图 4.18　攻防演练流程

攻防演练以一种趣味性的方式，使严肃的混沌工程实施更平易近人，不仅能够提升技术团队面对故障的敏感度和处理能力，也能够培养团队的技术氛围和团队精神。

4.5.3　混沌工程的相关工具

工欲善其事，必先利其器。混沌工程的有效实施离不开优秀工具的支持和赋能，即便有些故障场景可以通过简单执行命令的方式进行模拟，我们依然推荐尽可能使用成熟的工具执行这些工作，因为它可以大大降低使用的门槛，同时也能规避一些不必要的失误。

在互联网微服务的背景下，ChaosBlade 是一款久负盛名的混沌测试工具，提供了丰富的故障场景实现，能够开箱即用，非常容易上手。其衍生的 chaosblade-operator 项目还支持云原生架构，是目前行业的标杆。

我们可以从 ChaosBlade 的 Git 官网下载最新的工具包，解压即用，同时支持 CLI 和 HTTP 两种调用方式。我们以 CLI 方式为例，演示两个简单的故障注入场景的实施过程。

第一个场景，我们来演示一下 CPU 使用率达到 100%的情况，通过查阅文档我们发现，ChaosBlade 提供了 blade create cpu fullload 命令，可以达到这个效果。

```
blade create cpu fullload
{"code":200,"success":true,"result":"d9e3879cb68416a2"}
```

注入成功后，我们通过 iostat 命令观察 CPU 的使用率，发现注入确实有效，下面是命令执行结果。

```
avg-cpu:  %user   %nice %system %iowait  %steal   %idle
```

| 98.75 | 0.00 | 1.25 | 0.00 | 0.00 | 0.00 |

第二个场景，假设我们需要模拟网络丢包的故障，可以使用 blade create network loss 命令来实现。

```
blade create network loss --percent 70 --interface eth0
--local-port 8080,8081
```

{"code":200,"success":true,"result":"b1cea124e2383848"}

注入成功后，可以在另一台网络联通的机器上通过 curl 命令验证。需要注意的是，如果模拟丢包率为100%的场景，则会造成无法连接这台机器，这意味着我们也无法通过 CLI 的方式终止实验，在这种情况下，一定要加上--timeout 参数，达到一定时间后会自动恢复。

ChaosBlade 还支持 HTTP 调用的方式，这意味着我们可以很方便地将其平台化，以支撑更多上层需求和数据统计等功能。

4.6　DevSecOps 的由来与发展

企业软件系统的安全防护并不是一锤子买卖，也不是特定团队的特定责任，安全防护工作应该融合在软件开发和运维的整个生命周期内，系统安全才能真正得到保障。将安全防护与 DevOps 结合起来，就是我们要介绍的 DevSecOps。

4.6.1　传统软件安全开发体系面临的挑战

在传统的基于瀑布模型的研发模式下，有很多软件安全开发的管理体系和理论方法，其中比较知名的有软件安全构建成熟度模型（Building

Security In Maturity Model，BSIMM）、软件保证成熟度模型（Software
Assurance Maturity Model，SAMM）和安全开发生命周期模型（Security
Development Lifecycle，SDL）。其中以微软主导的安全开发生命周期模型最
为知名，如图 4.19 所示，其方法论和实践已经成为一些行业事实上的标准，
国内外各大 IT 公司和软件厂商都在基于这套理论和实践，结合自己的研发
实际情况来进行研发安全的管控。但是 SDL 本身并未关注运维阶段的安全
实践，微软为了弥补这个不足，后期推出了运维安全保障模型（Operational
Security Assurance，OSA）。

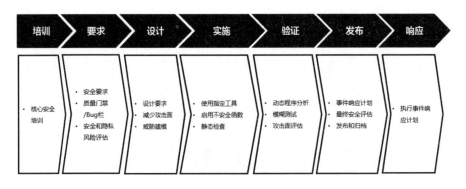

图 4.19　微软的安全开发生命周期

微软 SDL 的工作机制设计是高度适配瀑布模型的，其在研发和测试之
外定义了专门的安全角色，通过在软件研发流程各个环节上的安全保证活
动，使安全验证工作能够嵌入软件研发过程的各个环节，从而降低产品中
出现安全漏洞的风险。

但是，随着瀑布模型的淡出和 DevOps 模式的兴起，SDL 中的一些问
题也随之被不断放大，传统的 SDL 已经很难适应 DevOps 体系下的安全诉
求，这类问题主要体现在以下两个方面。

首先，敏捷开发过程中设计环节的弱化使安全活动失去了切入点。现代软件开发在敏捷思想的影响下，越来越提倡小步快跑、代码先行、代码即设计的理念，很多时候企业会直接采用最小化可行产品（Minimum Viable Product，MVP）的精益创业方法来快速迭代产品。在这种模式下，原本研发环节的各个阶段（比如设计、开发和测试）都被弱化，或者说边界变得模糊了，此时安全人员根本无法参与到设计阶段，无法进行传统的针对设计方案的威胁建模和风险分析消除等工作。

其次，DevOps 的高速交付频率让安全活动无从下手。如图 4.20 所示，在敏捷开发过程中的发布频率基本是以周为单位的，但是在 DevOps 模式下，通过高效 CI/CD 流水线的能力，可以轻松地实现完全的按需发布。极端情况下，代码在递交后的几分钟内就可以自动发布到生产环境，在这种发布频率下，传统的 SDL 已经完全处于瘫痪状态，SDL 定义的各种安全活动根本找不到开展的时机，这俨然已经成为我们当下软件安全的最大隐患。

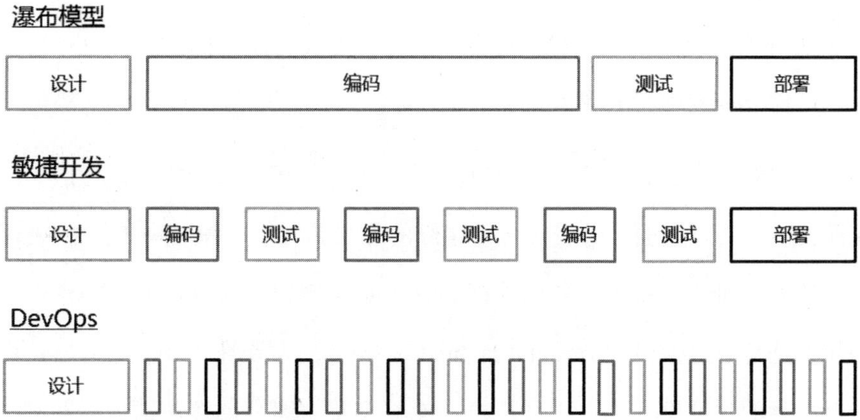

瀑布模型

| 设计 | 编码 | 测试 | 部署 |

敏捷开发

| 设计 | 编码 | 测试 | 编码 | 测试 | 编码 | 测试 | 部署 |

DevOps

| 设计 | ‖‖‖‖‖‖‖‖‖‖‖‖‖‖‖‖ |

图 4.20　瀑布模型 VS 敏捷开发 VS DevOps

正是由于上述这些问题，在 DevOps 模式下 SDL 的实际效果已经名存实亡，无法适应新的模式，为此微软正式提出了"Secure DevOps"的理念与相关实践，而"Secure DevOps"的本质就是 DevSecOps 的具体实现。

4.6.2　新技术对软件安全开发提出的挑战

微服务架构的普及、容器技术的广泛使用，以及云原生技术的发展也对软件的安全提出了更多、更高的要求。

先来看看微服务。微服务架构已经成为现代软件架构的标配，微服务在给我们带来很多便利性的同时，也带来了很多挑战。比如，微服务的治理成本一直居高不下，测试成本成倍增长，测试环境搭建困难，等等。从安全的视角出发，微服务提出了很多全新的挑战，比如，攻击面分析困难，单个微服务的攻击面可能很小，但是整个系统的攻击面可能很大，并且不容易看清楚攻击的发起点；再如，相对传统的三层结构 Web 网站而言，数据流分析难以应用在微服务架构中，因为不容易确定信任边界等。另外，除非使用统一的日志记录和审计机制，否则想要对众多的微服务进行审计也是一件非常困难和高成本的事情。

再来看看以 Docker 为首的容器技术，容器技术一方面推动了微服务的快速发展，另一方面也改变了传统运维的理念和方法。Docker 的广泛使用同样给安全带来了很多全新的挑战。首先是资产识别问题，原本的资产识别粒度是基于虚拟机（Virtual Machine，VM）的，现在需要针对容器，而容器本身的灵活度大大高于虚拟机，能够支持快速地创建和销毁；其次，容器本身也会引入新的安全风险，内核溢出、容器逃逸、资源拒绝服务、有漏洞的镜像、泄露密钥等，都需要我们给予额外的关注；最后，很多安全系统也需要对容器进行适配，比如，某些主机入侵检测系统（Host-based Intrusion Detection System，HIDS）可能不能直接支持容器，需要进行改造适配。

最后来看云原生技术。云原生技术深刻地改变了我们进行系统架构和设计的思维模式，云原生本身包含很多安全维度的诉求，这一领域值得探索和研究的空间十分巨大。

4.6.3　DevSecOps 概念的诞生与内涵

由此可见，随着 DevOps 研发实践的不断普及，传统的软件安全开发体系已经力不从心。随着软件的发布速度和发布频率的不断增加，传统的应用安全团队已经无法跟上发布的步伐来确保每个发布都是安全的。

为了解决这个问题，组织需要在整个软件研发全生命周期中持续构建安全性，以便使 DevOps 团队能够快速、高质量地交付安全的应用。越早地将安全性引入工作流中，就能越早地识别和补救安全弱点和漏洞。这一概念属于"左移"范畴，将安全测试转移给开发人员，使他们能够几乎实时地修复代码中的安全问题。

亚马逊首席技术官 Werner Vogels 也持有相同的观点，他认为，安全需要每个工程师的参与，安全不再是单独安全团队的责任，是整个组织所有人的一致目标和责任，只有这样才能更好地对研发过程中的安全问题进行管控。这并不是一个推脱责任的说辞，实际上这对安全团队的思维方式、介入时机、组织形式和安全能力建设等提出了更高的要求。

但是，在目前的情况下，要求每个软件工程师在安全意识和安全能力上都达到专业安全人员的水平在短期内是不现实的，因此如何将安全要求和安全能力融合到 DevOps 过程中，如何通过安全赋能让整个组织既能够享受 DevOps 带来的快捷，又能够较好地管控安全风险，就变成了一个重要的问题。为了解决这个问题，DevSecOps 和相关实践由此诞生。

2012 年，著名 IT 研究机构 Gartner 公司通过一份研究报告 *DevOpsSec: Creating the Agile Triangle* 提出了 DevSecOps 的概念。在这份研究报告中，确定了安全专业人员需要积极参与 DevOps 计划并忠实于 DevOps 的精神，拥抱其团队合作、协调、敏捷和共同责任的理念。也就是说，完全遵循 DevOps 的思想，将安全无缝集成到其中，使之升级成为 DevSecOps。2016 年，Gartner 公司公开了一份名为 *DevSecOps: How to Seamlessly Integrate Security Into DevOps* 的研究报告，更加详细地阐述了 DevSecOps 的理念和一些实践。

DevSecOps 是应用安全（AppSec）领域的术语，通过在 DevOps 活动中加强开发和运营团队之间的紧密协作，同时让安全团队也参与进来，从而在软件开发生命周期的早期引入安全体系。这就要求改变开发、安全、测试、运营等核心职能团队的文化、流程和工具。DevSecOps 意味着安全成为整个团队共同的责任，每个人都应该在 DevOps 的 CI/CD 工作流中构建安全体系。

通过实践 DevSecOps 可以更早地、有意识地将安全性融入软件开发全生命周期中。如果开发组织从一开始就将安全性考虑在代码中，那么在漏洞进入生产环境之前或发布之后，发现并修复漏洞会更容易，成本也更低。

4.6.4　DevSecOps 工具

DevSecOps 工具是整个 DevSecOps 的核心，它通过扫描开发代码、模拟攻击行为来帮助开发团队发现开发过程中潜在的安全漏洞。从安全的角度来看，DevSecOps 工具可以分为以下五类。

静态应用安全检测工具

静态应用安全检测工具（Static Application Security Testing，SAST）通常在编码阶段通过分析应用程序的源代码或二进制文件的语法、结构、过程、接口等来发现程序代码存在的安全漏洞。

SAST 主要用于白盒测试，检测问题类型丰富，可精准定位安全漏洞代码，比较容易被程序员接受。但是其误报多，耗费的人工成本高，扫描时间会随着代码量的增多而显著增长。

常见的工具包括传统的 Coverity、Checkmarx、FindBugs 等，比较新的工具有 CodeQL、ShiftLeft inspect 等。

SAST 的优点是，能够发现代码中更多更全的漏洞类型；漏洞点可以具体到代码行，便于修复；无需区分代码最终是变成 Web 应用还是 App 应用；不会对生产环境造成任何影响。与此同时，SAST 的缺点也不少，比如研发难度高、多语言需要不同的检测方法、误报率高、不能确定漏洞是否真的可被利用、不能发现跨代码多个系统集成的安全问题等。

传统的 SAST 始终不能很好地解决误报率问题，加上研发模式的问题，导致研发人员在编码结束之后又要花费相当长的时间来做确认漏洞的工作，因为其中可能很多都是误报，所以在一些行业并未大规模地应用，但是在 DevOps 时代，结合 CI 的过程，上述一些新型的工具开始广泛利用编译过程来更精确地检测漏洞，降低误报率，并且极小的 CI 间隔也能促进误报率的收敛。

动态应用安全检测工具

动态应用安全检测工具（Dynamic Application Security Testing，DAST）在测试阶段或运行阶段分析应用程序的动态运行状态。它模拟黑客行为对应用程序进行动态攻击，分析应用程序的反应，从而确定该 Web 应用是否易受攻击。

这种工具不区分测试对象的实现语言，采用攻击特征库来做漏洞发现与验证，能发现大部分的高风险问题，因此它成为业界 Web 安全测试中使用非常普遍的一种安全测试方案，并发现了大量真实的安全漏洞。由于该类工具对测试人员有一定的专业要求，大部分不能实现自动化运行，在测试过程中产生的脏数据会污染业务测试数据，且无法定位漏洞的具体位置，因此并不适合在 DevSecOps 体系下使用。

常见的工具包括针对 Web 应用商业和开源的 Acunetix WVS、Burpsuite、OWASP ZAP、长亭科技 X-Ray、w3af 等，也包括一些针对电脑或终端 App 等的应用。这些工具的优点是可以从攻击者视角发现大多数的安全问题，准确性非常高，无需源码也无需考虑系统内部的编码语言等。但缺点也很明显，需要向业务系统发送构造的特定输入，有可能会影响系统的稳定性，因参数合法性、认证、多步操作等原因难以触发从而导致有些漏洞发现不了，漏洞位置不确定导致修复难度高，某些操作可能非常耗费资源或者耗费时间（如启动安卓虚拟机的耗时较长、资源消耗较多）。

交互式应用安全检测工具

交互式应用安全检测工具（Interactive Application Security Testing，IAST）是 2012 年 Gartner 公司提出的一种新的应用程序安全测试方案，它的出发点是比较容易理解的，SAST 通过分析源码、字节代码或二进制文件从内部测试应用程序来检测安全漏洞，而 DAST 通过从外部测试应用程序来检测安全漏洞，它们各有优劣。有没有一种工具能够通过结合内外部更好地进行自动化检测，从而更准确地发现更多的安全漏洞？IAST 就是这样一种能够将外部动态和内部静态分析技术结合起来的安全检测工具。

IAST 通过在服务端部署 Agent 程序，收集和监控 Web 应用程序运行时的函数执行轨迹和数据传输情况，并与扫描器端进行实时交互，高效、准确地识别安全缺陷及漏洞，同时可以准确地确定漏洞所在的代码文件、行数、函数及参数。比如，在针对 Web 业务的 DAST 方案中，相比于传统的人工录入参数和发起扫描这一无法结合到流水线中的方式，通过一个应用代理在做自动化测试的时候自动收集 CGI 流量并自动提交扫描，可以很好地融入流水线中；再如，通过在 Web 容器中插入对关键行为的监控代码（比如 Hook 数据库执行的底层函数），跟外部 DAST 扫描发包进行联动，可以发现一些纯 DAST 无法发现的 SQL 注入漏洞等。

本质上讲，IAST 相当于 DAST 和 SAST 相结合的一种互相关联的运行时安全检测技术。IAST 的检测效率和精准度较高，并且能准确定位漏洞位置，漏洞信息详细度较高。但是其缺点也比较明显，比如，对系统的环境或代码的侵入性比较高，部署成本也略高，而且其无法发现业务逻辑本身的漏洞。对于逻辑比较强的（例如 0 元支付）逻辑漏洞，则需要需过上线前的人工安全测试去发现和解决，或者在设计阶段通过安全需求进行规避。

与 IAST 相关的工具有 Contrast Security、默安 IAST、悬镜等，此外，

一些国内外的安全厂商也在陆续推出 IAST 产品。

软件成分分析工具

软件成分分析工具（Software Composition Analysis，SCA）。快速迭代式的开发意味着开发者要大量复用成熟的组件、库等代码，这给项目开发带来便捷的同时也引入了风险，如果引用了一些存在已知安全漏洞的代码版本该怎么办？如何检查他们？为解决这些问题，SCA 工具出现了。

有一些针对第三方开源代码组件/库低版本漏洞检测的工具也被集成到 IDE 安全插件中，编码的时候只要一引入就会有安全提醒，甚至能够通过修正引入库的版本来修复漏洞。还有一些 SCA 工具可以无缝集成到 CI/CD 流程中，从构建集成到生产前的发布，持续检测新的开源漏洞。SCA 比较典型的工具是 Black Duck。

开源软件安全工具（FOSS）

现在很多开源软件安全工具已经比较成熟了，比较著名的有 X-ray、Sonatype IQ Server、Dependencies Check 等。

一般情况下，选用功能齐全的 IAST 或 DAST 即可解决大部分安全问题，想要进一步提前发现问题，可继续推进 SAST、SCA 和 FOSS 的建设，将漏洞发现环节提前到开发阶段。

4.6.5　典型 DevSecOps 流程的解读

下面通过一个典型流程来看一下 DevSecOps 的实践是如何开展的，如图 4.21 所示。

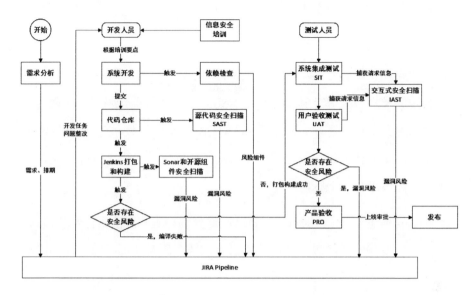

图 4.21　一个典型 DevSecOps 的流程

　　在需求分析阶段和需求任务分配阶段，也就是在系统开发之前，为保证应用的安全，需要对开发人员进行信息安全知识培训和安全编码技能培训，一般是通过在线授课的方式来进行培训。在安全培训周期方面，既要有新人初级培训，也要有周期性的培训，既要有安全设计的培训，也要有代码安全的培训，还要密切观察开发人员出现的问题，并及时给予有针对性的复盘，从而帮助研发人员在了解漏洞原理之后写出高质量、安全的代码。同时还要注重安全设计的培训，这个阶段要向一线研发人员普及安全理念和安全技术，这是将安全能力赋能给团队的重要步骤和环节。

　　接下来，开发人员根据认领的需求来进行开发工作，开发过程中需要根据编码安全指南进行代码的编写，此时会借助本地的静态应用安全检测 SAST 进行源代码的安全扫描。另外，在 IDE 中引入的开源组件和内部依赖组件也会通过软件成分分析工具 SCA 进行安全分析。若发现组件有潜在安全风险，就会及时告警并要求修复。

在代码开发完成之后，开发人员将代码提交到代码仓库，然后由 CI 流水线自动触发静态应用安全检测工具 SAST 进行增量源代码安全扫描，并将发现的潜在风险上报。除此之外，SAST 也会对代码仓库进行周期性的全量巡检，这里需要将编码安全规则配置成源代码安全检查工具扫描规则，以确保代码的静态安全质量。

在代码构建阶段，自动对代码进行静态代码检查和开源组件安全扫描，若在扫描时发现安全隐患，则将相关信息推送至研发人员，同时终止流水线作业。待研发人员完成修复后，再次发起分支合并，并重启自动发布流水线。为减少因源代码缺陷导致的流水线频繁中止，建议在编码过程中，在每日代码合流时，自动开展源代码安全扫描，以小步快跑的方式，小批量、多批次地修复所有安全缺陷。

在系统集成测试阶段，利用交互式应用安全检测工具 IAST 自动收集测试流量，针对测试流量进行分析和自动构建漏洞测试请求，在开展用户验收测试的同时，即可完成安全测试。若发现漏洞，则立刻将漏洞信息推送至研发团队及时处理。

4.7　AIOps 的行业实践

2016 年，Gartner 公司提出了 AIOps 这一词条，那时候 AIOps 指的是 Algorithmic IT Operations 的缩写，按照字面理解，AIOps 是一种基于算法的运维方式。2018 年 11 月，Gartner 发布了 *Market Guide for AIOps Platforms*

报告，在这份报告中，AIOps 的含义由算法升级为智能，即 Artificial Intelligence for IT Operations，并给出了 AIOps 相对权威的定义。AIOps 是指"整合大数据和机器学习能力，通过松耦合、可扩展方式去提取和分析在数据量（volume）、种类（variety）和速度（velocity）这三个维度不断增长的 IT 数据，为所有主流 IT 运维管理（IT Operations Management，ITOM）产品提供支撑。AIOps 平台能够同时使用多个数据源、数据采集方法及分析和展现技术，广泛增强 IT 运维流程和事件管理效率，可用于性能分析、异常检测、事件关联分析、IT 服务管理（IT Service Management，ITSM）和自动化等应用场景"。

DevOps 将软件全生命周期的工具全链路打通，结合自动化和跨团队的线上协作能力，实现了快速响应、高质量交付及持续反馈。AIOps 在企业运营和运维工作中为成本、质量、效率等方面的优化提供了重要支撑。

AIOps 将机器学习和大数据应用于运维领域，运用 AI 和算法、运筹理论等相关技术，对系统运行过程中所产生的运维数据（如日志、监控信息、应用信息等）进行分析，进一步提升了运维效率，相关技术包括运维决策、故障预测和问题分析等新一代运维手段和方法。AIOps 不依赖于人为的指定规则，主张由机器学习算法自动地从海量运维数据中不断地学习、提炼并总结规则。

在软件发展的早期，大部分的运维工作是由运维人员手工完成的，那时候的运维往往被称为人工运维，或者更形象地被称为"人肉运维"。这种大量依赖人力的落后生产方式，在互联网业务迅速崛起、软件规模急速膨胀、人力成本高企的时代，显然无法维系。

为了应对这些挑战，人工运维逐渐向自动化运维过渡和发展，用可被自动触发的、预定义规则的脚本来执行重复性的机械运维工作，从而减少人力成本、降低出错概率、提高运维效率。自动化运维可以认为是一种基于行业领域知识和运维场景领域知识的专家系统。

正所谓道高一尺，魔高一丈，随着整个互联网业务的急剧膨胀，服务类型的复杂性也日趋多样化，同时基于微服务和容器技术的全新架构形态，使得自动化运维这种专家系统也逐渐变得力不从心。自动化运维的不足日益凸显，这也为 AIOps 的出现和发展带来了全新的机遇。

AIOps 不依赖于人为指定规则，主张由机器学习算法自动地从海量运维数据（包括事件本身及运维人员的人工处理日志）中不断地学习，不断地提炼并总结规则。AIOps 在自动化运维的基础上，增加了一个基于机器学习的大脑，指挥监测系统采集大脑决策所需的数据，做出分析和决策，并指挥自动化脚本去执行大脑的决策，从而达到运维系统的高效、低成本运行的整体目标。通俗地讲，AIOps 是对规则的 AI 化，即将人工总结运维规则的过程变为自动学习的过程。

4.7.1　AIOps 的知识体系

AIOps 基于自动化运维，将人工智能技术和传统自动化运维结合起来，宏观来看，其需要以下三方面的知识：

- 行业领域知识：有应用的行业（如互联网、金融、电信、物流、能源电力等）知识，并清楚理解生产实践中的各种实际痛点。

- 运维场景领域知识：有基本的自动化运维场景的知识，同时熟悉异常检测、故障预测、瓶颈分析、容量预测等实践。

- 机器学习：把实际问题转化为恰当的算法问题，常用算法包括聚类、决策树、卷积神经网络等。

4.7.2 AIOps 实施的关键技术

根据 Gartner 公司的定义，要成功实施 AIOps 必须包含以下几大要素：

- 数据源：大量并且种类繁多的 IT 基础设施。

- 大数据平台：用于处理历史和实时数据。

- 计算与分析：基于已有数据，通过计算与分析来产生新的数据，例如数据清洗、数据去噪等。

- 算法：实现计算和分析的具体方法，以产生 IT 运维场景所需要的结果。

- 机器学习：这里一般指无监督学习，可以根据算法的分析结果来产生新的算法。

从 AIOps 的实施过程来看，整个过程通常包括数据采集、数据处理、数据存储、数据分析、AIOps 算法等步骤。

数据采集

数据采集用于将 AIOps 所需要的数据接入 AIOps 平台，接入的数据类型一般包括但不限于日志数据、性能指标数据、网络抓包数据、用户行为数据、告警数据、配置管理数据、运维流程类数据等。

数据采集方式可分为无代理采集和有代理采集两种。其中无代理采集为服务端采集，支持 SNMP、数据库 JDBC、TCP/UDP 监听、SYSLOG、Web Service、消息队列采集等主流采集方式。有代理采集则用于本地文件或目录采集，容器编排环境采集，以及脚本采集等。

正所谓"巧妇难为无米之炊"，高效且多样化的数据采集是 AIOps 能够获得成功的基础，或者说是 AIOps 有机会获得成功的先决条件。AIOps 提高运维生产力的主要方式就是，把运维流程中的人工操作部分尽可能替换成自动化的机器分析，并且完成相应的运维操作。

在机器的分析过程中，系统运行过程中的每一个环节都需要大量数据的支持。无论是海量数据采集还是数据提取，都离不开大数据技术。

从数据采集的层面来看，运维数据的采集往往是实时的，数据采集端需要具备一定分析能力，综合考虑用户流量、隐私、服务器压力等多个因素，尽可能地降低无效数据的采集，增加有价值信息的上报。

从数据提取的层面来看，运维的数据是多样化的，流数据、日志数据、网络数据、算法数据、文本和 NLP 文档数据，以及 APP 数据、浏览器数据、业务系统运营指标数据等，从这些海量的数据中提取出真正有价值的指标化数据并进行可视化是进一步分析决策的前提条件。

数据处理

数据处理是指对采集的数据进行入库前的预处理，主要包括数据从非结构化到结构化的解析、清洗、格式转换及聚合计算，处理工作主要体现在以下几个方面：

- 数据字段提取：通过正则解析、KV 解析、分隔符解析等解析方式提取字段。

- 数据格式规范化：对字段值类型重定义和格式转换。

- 数据字段内容替换：基于业务规则替换数据字段内容，比如必要的数据脱敏过程，同时可实现无效数据的替换处理、缺失数据的补齐处理。

- 时间规范化：对各类运维数据中的时间字段进行格式统一转换。

- 预聚合计算：对数值型字段或指标类数据基于滑动时间窗口进行聚合统计计算。

数据存储

数据存储是 AIOps 中数据持久化的地方，通常我们会根据不同的数据类型及数据的消费和使用场景来选择不同的数据存储方式，常见的有以下几类：

- 对于需要进行实时全文检索和分词搜索的数据，可选用主流的 ElasticSearch 引擎。

- 对于时间序列数据（性能指标），即主要以时间维度进行查询分析的数据，可选用主流的 RDDtool、Graphite、InfluxDB 等时序数据库。

- 对于关系类数据，以及会聚集在基于关系进行递归查询的数据，可选用图数据库，比如常见的 Neo4j、FlockDB、AllegroGrap、GraphDB 等。

- 对于数据的长期存储和离线挖掘及数据仓库构建，可选用主流的 Hadoop、Spark 等大数据平台。

数据分析

数据分析分为离线计算和在线计算两大类。

离线计算是针对存储的历史数据进行挖掘和批量计算的分析场景，用于大数据量的离线模型训练和计算，如挖掘告警关联关系、趋势预测或容量预测模型计算、错误词频分析等场景。

在线计算是指对流处理中的实时数据进行在线计算，包括但不限于数据的查询、预处理和统计分析，数据的实时异常检测，以及部分支持实时更新模型的机器学习算法运用等。主流的流处理框架包括 Spark Streaming、Kafka Streaming、Flink、Storm 等。

AIOps 算法

算法是 AIOps 的核心技术。运维场景通常无法直接基于通用的机器学习算法来解决，因此我们需要一些面向 AIOps 的算法技术，作为解决具体运维场景的基础。有时一个算法技术可用于支撑另外一个算法技术。常见的面向 AIOps 的算法技术包括以下 6 种：

- 指标趋势预测：通过分析指标的历史数据，来判断未来一段时间内的指标趋势及预测值。常见的有 Holt-Winters、时序数据分解、ARIMA 等算法。该算法技术可用于异常检测、容量预测、容量规划等场景。

- 指标聚类：根据曲线的相似度把多个 KPI 聚成多个类别。该算法技术可以应用于大规模的指标异常检测，比如在同一指标类别里，采用同样的异常检测算法及参数，就可以大幅度降低训练和检测的开销。常见的算法有 DBSCAN、K-medoids、CLARANS 等。此类算法的应用挑战是数据量大，曲线模式非常复杂。

- 多指标联动关联挖掘：通过多指标联动关联分析来判断多个指标是否经常一起波动或增长，即指标之间是否存在相关性。该算法技术可用于构建故障传播关系，从而应用于故障诊断。常见的算法有

Pearson Correlation、Spearman Correlation、Kendall Correlation 等，此类算法的应用挑战是 KPI 种类繁多，关联关系复杂。

- 指标与事件关联挖掘：自动挖掘文本数据中的事件与指标之间的关联关系（比如应用在每次启动的时候，CPU 利用率就会上一个台阶，同时缓存命中率会变得很低）。该算法技术可用于构建故障传播关系，从而应用于故障诊断。常见的算法有 Pearson Correlation、J-measure、Two-sample test 等。此类算法的应用挑战是事件和 KPI 种类繁多，KPI 测量时间粒度过粗从而导致判断相关、先后、单调关系困难。

- 事件与事件关联挖掘：分析异常事件之间的关联关系，把历史上经常一起发生的事件关联在一起。该算法技术可用于构建故障传播关系，从而应用于故障诊断。常见的算法有 FP-Growth、Apriori、随机森林等，这类算法使用的前提是异常检测需要准确可靠。

- 故障传播关系挖掘：融合文本数据与指标数据，基于上述多指标联动关联挖掘、指标与事件关联挖掘、事件与事件关联挖掘等技术，由 tracing 推导出的模块调用关系图辅以服务器与网络拓扑，构建组件之间的故障传播关系。

4.7.3　AIOps 的应用场景

AIOps 最主要的应用场景有三类：运营保障、成本优化和效率提升。需要注意的是，这三类场景并不是完全各自独立的，而是相互影响的，场景的划分侧重于主影响维度。下面我们来详细讨论 AIOps 在运营保障、成本优化和效率提升中的价值及最佳实践。

4.7.4　AIOps 在运营保障中的应用

运营保障是运维体系中最基本、也是最重要的一类场景。随着业务的快速发展，运维体系自身也在不断地迭代演进，其规模复杂度不断增长，技术迭代更新周期也非常快。与此同时，软件的规模、架构复杂度、调用链路、发布与变更的频率也在逐渐增大。在这样的背景下，传统模式下的自动化运维体系已经无法满足要求，迫切需要利用 AIOps 提供的精准业务运营感知、用户实时反馈监测、动态错误感知来全面提升运营保障的效率。

在运营保障类场景中，常见的有异常检测、故障诊断、故障预测和故障自愈。

异常检测

运维体系中最主要的两大类监控数据源分别是指标和文本。指标通常是时序数据，一般包含指标采集时间和对应指标的值；文本通常是半结构化文本格式，如程序日志 log、Tracing 等，所以也常常被称为字符串监控。

随着系统规模的变大、复杂度的提高、监控覆盖的完善，监控数据量越来越大，运维人员已经很难从海量监控数据中发现运营质量的问题。智能化的异常检测就是要通过 AI 算法，自动、实时、准确地从监控数据中发现异常，为后续的诊断和自愈提供基础。异常检测的常见任务包括数据源异常检测、指标异常检测和文本异常检测三种。

- 数据源异常检测：数据源会因为一些不可避免的原因存在一些异常数据，这些异常数据的占比虽然很低，但是往往会引起整个指标统计值的波动，使得统计结果偏离真实的用户体验。AIOps 需要自动、实时地动态设置阈值，去除数据源中的异常数据干扰，并能够区分系统真正发生异常时候的故障数据和数据源本身的异常数据，这种判断需要依赖于一些外部信息。

- 指标异常检测：包括单指标异常检测及多指标异常检测。其中对单指标异常检测而言，时间序列指标的异常检测是发现问题的核心环节。对于以传统静态阈值检测为主的方式，如果阈值太高、漏告警多，则质量隐患难以发现；如果阈值太低、告警太多，则会引发告警风暴，干扰业务运维人员的判断。而 AIOps 则通过机器学习算法结合人工标注结果，实现自动学习阈值和自动调参，提高了告警的精度和召回率，大幅度降低了人工配置成本。对多指标异常检测而言，在运维过程中有些指标单独来看可能并没有异常，但是综合多个指标来看，可能就是异常的。有些单指标表现是异常的，但是综合多个指标来看可能又是正常的。这些都需要 AIOps 能够综合多个指标来综合评判系统指标异常，提高告警的准确性。

- 文本异常检测：文本日志是半结构化的，遵循一定的模板，通常是在特定条件下触发生成的。传统的日志检测有两种方式，一种方式是根据日志级别（比如 Info、Warning、Critical 等）进行报警，但由于其在开发过程中的设定不准确，或者标准不统一，导致准确性差；另一种方式是通过设置规则，匹配日志中特定字符串进行报警，但该方法依赖于人工经验，且只能检测已知和确定模式的异常。AIOps 需要通过自然语言处理、聚类、频繁模式挖掘等手段，自动识别日志出现的反常模式，同时结合人工反馈和标注，不断进行优化和完善。

故障诊断

异常检测实现了运维人员对数据的感知，有了数据感知能力之后，自动化的智能分析可以进一步提升运维效率。可以说故障诊断是智能分析的核心部分，主要包括基于人工故障库的故障诊断和基于数据挖掘的故障诊断。

基于人工故障库的故障诊断是指在日常运维过程中，运维人员积累了大量的人工经验，运维过程中的大部分故障都是重复的、人工能够识别的异常。重复问题的定位浪费了大量的人力，而且人工确认过程往往效率比较低下。AIOps 把人工经验固化下来形成模板，对常见问题实现分钟级别自动诊断，并且使运维人员收到的告警信息中包含尽可能详细的故障定位信息，以此来提高效率。

对于基于数据挖掘的故障诊断，有其特定的适用场景。很多时候，人工经验可能存在偏差，人工推断的原因可能并不是问题的根本原因，当有些故障首次发生且没有人工经验可以借鉴的时候，故障根本原因就会难以定位。尤其随着微服务架构的大面积使用，业务部署的拓扑变得越来越复杂，模块数量大，产生的消息路由多、依赖多，问题的定界与定位分析更为困难，人工故障决策效率挑战巨大。对于已知故障，AIOps 能够综合故障数据和人工经验自动提取故障特征，生成故障特征库，并进行自动匹配和自动定位故障；对于未知故障，AIOps 需要根据故障特征推演出可能的故障原因，并在人工确认后加入故障特征库。

故障预测

故障的出现往往都不是突然的，在故障发生之前一般就会有很明显的征兆。比如对于网络故障，往往从丢包开始到网络不可用有一个演变的过程，依据海恩法则，每一起严重事故的背后，必然有 29 次轻微事故、300 起未遂先兆及 1000 起事故隐患。因此，我们要开展主动健康度检查，针对重要特性数据进行预测算法学习，提前预测故障，以避免服务受损。常见的场景有磁盘故障预测、网络故障预测（根据交换机日志进行交换机故障预测）、内存泄漏预测等。

故障自愈

故障自愈是 AIOps 在运营保障领域最高阶的能力，也是我们的终极目标。智能分析实现了故障的诊断和预测，智能执行根据智能分析的结果实现故障自愈。

在传统模式下，故障自愈的决策主要靠人工经验，人工经验能够覆盖的故障范围是有限的，而且人无法保证全天候所有时间都可以立即决策与处理。AIOps 能够提供完善的自动化平台，在故障智能分析之后自动决策，并在此基础上实现故障的自动修复，也就是故障自愈。

常见的故障自愈场景有版本升级回退、DNS 自动切换、CDN 智能调度、智能流量调度等。故障自愈是根据故障诊断的结果输出（一般是问题定位和根本原因分析）进行影响评估，决定"解决故障"或"恢复系统"的过程。影响评估是对故障之后所产生的影响范围（系统应用层面、业务执行层面、成本损失层面等）输出评估结果，并根据这个评估结果来决定要采用什么解决手段，甚至生成解决手段的执行计划。

4.7.5　AIOps 在成本优化中的应用

AIOps 通过智能化的手段来实现资源的合理分配和调度、集群的容量管理和系统性能优化，以此来实现 IT 成本的态势感知和成本优化，从而提升成本管理效率。比如，对数据中心的硬件采购时机而言，过晚的设备采购可能会影响业务的运营，不能及时响应业务的上线或者扩缩容的需求；而过早的采购也可能造成成本的浪费和资源的闲置。通过 AIOps 可以建立合理的预测机制，提前预估容量的规划，并据此制定更准确的设备采购计划，这样就能对成本进行更好的控制。通常来讲，成本优化可以分为资源优化、容量规划和性能优化三个方向，下面我们来依次讲解。

资源优化

在企业内，尤其是大型企业，合理的资源优化一直是企业成本预算控制的关键环节，企业规模越大，实现优化的空间也就越大。大型互联网公司里动辄成千上万的应用数，只有进行了合理的资源优化，才能够使公司的成本得到有效的控制。不同的服务，其资源消耗类型是不一样的，常见的有计算密集型、存储密集型、I/O 密集型等，而对于同一个服务，在不同的时间点，其资源消耗也是不一样的。对一个企业来说，识别不同服务的资源消耗类型、识别服务的资源瓶颈，以及实现不同服务间的资源复用是降低成本的重要环节。

比如，对于 Spark 和 Storm 等计算密集型任务，可以使用按时分配的策略，充分利用闲置的算力。白天可以运行在部分特定的服务器上，夜间当需要运行大批量计算任务的时候，可以利用业务服务器的夜间资源使用率较低的特点，把部分计算任务分配到业务应用所在的服务器上运行，充分利用业务服务器的剩余计算资源，提高资源的整体利用率。

AIOps 通过密度管理、特性管理、碎片时间管理等方法，优化企业不同服务器的配比，发现并优化资源中的短板，提供不同服务的混合部署建议，以此来实现降本提效。

容量规划

对一个企业来说，容量需求和业务发展紧密相关。为了保障产品在快速发展阶段的正常运营，需要提前对容量进行合理的预估。如果容量预留过多，则会造成资源浪费；反之，如果容量预留过少，则容易引发生产环境的性能问题，甚至是生产环境故障。

通常来说，大型的互联网公司都会有规模庞大的服务器集群，业务规模增加、新业务上线、过保机器替换等，都会导致有大量新采购的机器需要上线并扩容到集群中，同时对于一些高流量场景，如电商网站的大促活动，或者社交网站的热点事件等，容量规划更是一项必不可少的工作。

而传统的基于运维人员的经验进行容量预测的方式并不可靠，很多时候是运维人员"拍脑袋"的结果，不准确的容量预估会使运维过程中的扩容和缩容变得十分被动。AIOps 可以根据业务的动态需求，结合历史服务数据的分析，整合运维人员的业务经验，建立精准的容量规划与预测模型，从而精确地预测业务系统中各个模块的容量，使其既能满足业务的需要，又能保证资源闲置和浪费的概率最小。

性能优化

性能监控和性能优化也是运维环节关键的一环。在运维环节，如果能基于性能监控的数据持续开展性能优化，就可以充分利用计算和存储资源，提升服务器的性能。在绝大多数情况下，如果单纯依靠运维人员的人工判断，并不能全天候及时发现潜在的性能问题，而且也不知道什么样的系统配置才是最优的。通过使用 AIOps 就能够根据生产环境的实际情况智能地调整配置、智能地发现性能优化策略，从而提供自动化和智能化的性能优化服务。

4.7.6　AIOps 在效率提升中的应用

运维效率的提升是运维人员一直以来所追求的目标。自动化运维带来了效率的提升，而 AIOps 会推动运维效率提升到一个全新的高度。对于自动化运维，使用的是人工监管下的自动化工具模式，决策与实施的驱动主要还是依赖于人，但人受限于生理极限和认知局限，无法全天候持续地面向大规模、高复杂性的系统提供高质量的运维效率；对于 AIOps，则是通过全自动化的深度洞察能力为运维提供持续的、高质量的辅助。通常，在效率提升方面，主要的实践场景有智能预测、智能变更、智能问答和智能决策。

智能预测

运维工作不仅包含对当下的决策和处理，而且还需要根据当下业务的发展趋势对未来做出合理的预测，以此作为依据来对未来的容量进行规划。要实现这一点，往往需要大量的数据做支持，同时还需要大量的推理和演算来配合。如果通过人工的方式来实现，不仅需要投入大量人力，而且由于运维人员的个人能力存在差异，所以推理和演算的结果也往往差异较大。

AIOps 智能预测借助大数据和机器学习能力，同时结合运维人员沉淀下来的有效评估经验（模型参数等），对目标场景实现高效自动化的推理和演算，最终使预测结果趋近合理范围。需要注意的是，这个过程中往往还需要结合业务发展趋势来做综合判断。这样不但人力得以节省，而且由于预测效率的提升，使得过去难以重复、耗时耗力的人工预测过程变得可以应需而变，不断修正预测结果，最终使业务诉求获得最佳预测收益。

智能变更

变更是运维中的一种常见场景，DevOps 通过串联变更的各个环节形成流水线，从而提升了效率。AIOps 不仅为变更流水线的各个环节引入了智能决策能力，而且能够更加持续、精确地提供变更过程的质量保障。

智能变更的系统决策来源于运维人员的运维经验，这些经验通过机器学习、知识图谱等手段转化成系统可学习和可实施的数据模型。在传统模式下，人工驱动工具的变更模式因受制于人的精力而被迫"串行化"，并且制约了变更过程本身的质量控制及变更结果验证的准确性，因此很难应对频繁变更和高速发布的场景。

而 AIOps 却能很好地解决这类问题，AIOps 可以根据每次变更的目标、状态和上下文，在变更过程中及时做出智能决策，从而加速变更过程及规避变更可能带来的问题。此外，AIOps 还可以并行驱动更大规模的变更过程，更准确、更高效地完成变更监察及结果验证。

智能问答

运维的目标是支持稳定、可靠的业务运行，而业务与业务之间既可能有相似性，又可能有差异性。由于知识背景的不同，和对业务的认知差异，往往导致不同的业务人员或开发人员会询问运维人员一些相似的问题，运维人员的答案也是非常相似的，但人力被重复消耗。更糟糕的是，即使面对同一个问题，运维人员的回答也可能会出现差异（例如表达方式、措辞等），缺乏标准化，从而产生误解。

AIOps 智能问答系统通过机器学习、自然语言处理等技术来学习运维人员的回复文本，构建标准问答知识库，从而在遇到类似问题的时候给出标准的、统一的回复。这样，不仅可以有效地节省运维人员的人力成本，而且能够使得提问得到更加及时和准确的回复，ChatOps 就是这个领域的一个落地应用场景。

智能决策

许多运维管理工作都需要各种各样的决策，包括扩容、缩容、制定权重、调度、重启等内容。智能决策一方面可以将运维人员的决策过程数据化，构建决策支持知识库，从而实现经验积累；另一方面，由于系统掌握了从全局到细节的数据，并结合决策支持知识库，所以可以为更加准确的决策提供有力的支撑，从而有效地解决了运维人员之间经验传承的问题。

4.8 DevPerfOps 初探

正如本章 4.6 节所提到的，通过 DevSecOps 的实践，我们将软件的安全保障活动融入研发流程的各个环节，从而保障交付的软件符合安全预期，这也就把原本的"安全测试"上升到"安全工程"的高度。那么对于软件的性能保障，是否也应该遵循类似的逻辑呢？我们是否也应该将性能保障的活动植入研发过程的各个环节，从而从源头来保证软件的高性能和高可靠性呢？这正是 DevPerfOps 所要解决的问题。

与软件安全类似，我们不能指望通过最后的安全测试来保证软件的安全性，而是应该在研发的各个环节都有与之匹配的安全监测措施来保证最终的软件安全。

软件性能也具有同样的逻辑，我们不能指望通过最后的性能测试来保证软件的性能是否达标，因为此时如果发现性能瓶颈或性能缺陷，那么问题的定位成本和修复成本都会非常高，这种被动的性能测试往往无法达到预期的效果。所以更具可操作性的做法是，在研发的各个环节都引入相应的性能测试手段，在更早的时间节点，从更细的粒度上去发现性能问题，并做到及时修复。这样就能把原本的"性能测试"也上升到"性能工程"的高度。

4.8.1 全链路压测的局限性

这里特别提一下目前流行的全链路压力测试，简称全链路压测。全链路压测是指，在真实的生产环境中，基于海量真实的数据，模拟海量用户的请求，对整个业务链路进行压力测试并持续调优的过程。很多企业都在实践全链路压测，都以为这是解决线上性能问题的银弹，关于这点，我们认为是有待商榷的。全链路压测虽然能够发现真实环境下的性能问题和瓶颈，但是如果把对性能的诉求全部押宝在全链路压测上，那一定会得不偿失。其中主要的原因有以下三点。

第一，全链路压测的技术实现难度通常是很高的，设计、规划与真实情况类似的负载场景往往需要大量的工作，即使有了设计，在生产环境中发起海量负载，这在技术上也是不小的挑战。

第二，为了将压测流量和真实的线上流量进行区分，往往需要在技术层面实现流量染色、染色标记透传、影子表、影子数据库、流量隔离等，这些都需要通过对现有系统进行特殊的改造才能实现，其技术难度和实现成本都不低。

第三，在全链路压测过程中发现性能问题时，其定位和调试的技术难度往往也很大，在复杂的压测场景下定位和排查问题，效率是非常低的，有些甚至是难以实现的。

由此可见，全链路压测并不是解决性能问题的银弹，而只能作为事后性能验证的一种补充手段。性能问题的发现和解决还是需要通过在研发全流程中的各个阶段植入性能测试和优化的实践来实现，这就是 DevPerfOps 所倡导的核心理念和思想。接下来我们就分析一下，如何在研发全流程中实践 DevPerfOps。

4.8.2　DevPerfOps 全流程解读

图 4.22 从软件研发全流程的视角给出了 DevPerfOps 的各种实践，从代码本地开发和测试、代码递交、持续集成到持续发布四个阶段分别说明了 DevPerfOps 需要做的事情，接下来依次说明。

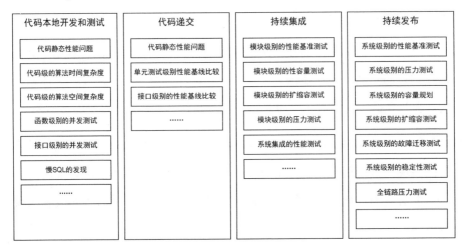

图 4.22　DevPerfOps 的全流程实践

代码本地开发和测试阶段的 DevPerfOps 实践

在代码本地开发和测试阶段，DevPerfOps 实践主要包括代码静态性能问题检查、代码级的算法时间复杂度、代码级的算法空间复杂度、函数级别的并发测试、接口级别的并发测试和慢 SQL 发现等相关实践。

我们首先讲代码静态性能问题检查的实践，代码静态性能问题检查是指，通过传统的代码静态检查工具来发现代码实现上的性能问题，从代码源头保证遵循程序语言的最佳实践。通常的做法是，将违反性能最佳实践的代码写法通过静态代码规则添加到代码扫描逻辑中，以此发现问题。比如，下面的这段代码就违背了性能的最佳实践，如果把变量 j 的初始化放在 for 循环体的内部，那么每次循环变量 j 都会被重复初始化，循环几次就会被初始化几次，显然这对性能是不利的。正确的写法应该是，将变量 j 移到 for 循环的外面，这样就能避免重复初始化的问题。需要注意的是，对于现在的编译器，即使将变量 j 写在循环体内部也没有问题，因为编译器在执行编译时会做优化，能主动把变量 j 移到循环体外部。

```
//变量 j 在循环体内部会被重复初始化
for (int i = 0; i <= 1000; i++) {
    int j;
    ...
}


//变量 j 应该移到循环体外部，以避免重复初始化
int j;
for (int i = 0; i <= 1000; i++) {
    ...
}
```

接下来，我们讨论代码级的算法时间复杂度和空间复杂度，这是代码阶段需要重点关注的环节，尤其是对于一些计算密集型的代码更是如此。算法是指用来操作数据、解决程序问题的一组方法。对于同一个问题使用不同的算法，也许最终得到的结果是一样的，但在过程中消耗的时间资源和空间资源却会有很大的区别。通过计算算法所消耗的时间资源和空间资源来判断算法性能的优劣是一种常见的方式。

时间复杂度是指执行当前算法所消耗的时间级别，一般采用"大 O 符号表示法"。常见的算法时间复杂度量级有：

- 常数阶 $O(1)$。

- 对数阶 $O(\log N)$。

- 线性阶 $O(n)$。

- 线性对数阶 $O(n\log N)$。

- 平方阶 $O(n\log N)$。

- 立方阶 $O(n\log N)$。

- K 次方阶 $O(n^k)$。

- 指数阶 $O(2^n)$。

上面的算法时间复杂度量级从上至下越来越大，算法的执行效率越来越低。一般来讲，最理想的算法时间复杂度是常数阶 $O(1)$，凡是高于线性对数阶 $O(n\log N)$ 的时间复杂度往往都是无法接受的。我们需要在代码阶段就能识别出无法接受的算法复杂度，并加以改进，因为此类问题最终都是无法回避的，越早发现并解决，成本就越低。

算法空间复杂度是对一个算法在运行过程中临时占用存储空间大小的一个度量，同样反映的是一个趋势，我们也可以用"大 O 符号表示法"来定义它。算法空间复杂度比较常用的有：

- 常数阶 $O(1)$。

- 线性阶 $O(n)$。

- 平方阶 $O(n^2)$。

同样，从上至下算法的空间复杂度越来越大，算法执行过程的空间要求越来越大。与时间复杂度类似，我们也希望尽早识别并解决此类问题，而不是到后期系统级性能测试的时候才发现，因为那时候问题定位的成本会非常高，技术上也会非常困难。

下面，我们开始讨论函数级别的并发测试。对于有多进程和多线程的代码，非常有必要在函数级别就开展并发测试，此时开展并发测试的难度和成本都是最低的，能够很方便地发现并发场景下的线程死锁、内存泄漏等问题，而且问题的定位和修复后的验证也会容易很多。

为了实现函数级别的并发测试，最简单的方式就是以并发的方式来执行单元测试用例，也可以对单元测试框架进行改造，使其能够将基于功能验证的单元测试用例无缝转化为函数级别的并发测试用例，从而进一步降低实施的成本。

与函数级别的并发测试类似，我们还需要进行接口级别的并发测试。如果采用的是微服务架构，那么就有必要在单个服务级别开展并发的接口测试，以确保接口在并发调研场景下功能逻辑的正确性。此类测试开展得越早，相应的收益也会越高。

慢 SQL 发现也是 DevPerfOps 的重要实践之一，如果开发代码中有大量的数据库读写访问，那么强烈建议在此时就开展慢 SQL 发现与扫描。我们可以收集当前代码中所有下发数据库的 SQL 语句，然后集中执行，以此识别出执行性能异常的 SQL 语句，这样就能在前期批量地、集中地发现 SQL 数据库全表扫描、执行计划异常等 SQL 语句的性能问题，避免在后期性能测试过程中由应用响应慢追溯到 SQL 语句异常的尴尬，从源头保证 SQL 语句的优化和高效率。

代码递交阶段的 DevPerfOps 实践

在代码递交阶段，DevPerfOps 实践主要包括代码静态性能问题检查、单元测试级别的性能基线比较和接口级别的性能基线比较等相关实践。

代码递交阶段的代码静态性能问题检查，通常是在代码递交后，由持续集成流水线触发一轮全量的代码静态性能问题检查，此时的性能静态检查规则应该与本地开发和测试阶段的检查规则保持一致。

单元测试级别的性能基线比较是在代码递交后，将单元测试中每个测试用例的执行时间记录下来并存在数据库中，下次代码变更后测试用例的执行时间会自动和上次保存的结果去做比较，如果发现有明显的性能下降，就会告警，需要通过人工介入来判断性能的下降幅度是否能够被接受。在这个过程中，为了保证单个单元测试用例执行时间的可靠性，往往会将单个测试用例执行 1000 次后取平均值来做比对。

接口级别的性能基线比较与单元测试级别的性能基线比较类似，如果开发团队采用微服务架构，那么就需要在接口级别启用性能基线比较。具体实现方式是，将每个接口测试用例的执行时间记录到数据库中，当版本更新后，同一个接口测试用例的执行时间会与之前记录的结果自动做比较，如果发现有明显的性能下降就会告警，需要通过人工介入判断性能的下降幅度是否能够被接受。这种做法可以在最开始的阶段就识别出接口性能恶化的趋势和苗头，从而从源头堵截问题。

持续集成阶段的 DevPerfOps 实践

在持续集成阶段，DevPerfOps 实践主要包括模块级别的性能基准测试、模块级别的容量测试、模块级别的扩缩容测试、模块级别的压力测试、系统集成的性能测试等相关实践。

模块级别的性能基准测试是指基于实际场景完成的模块基准性能评估。模块级别的容量测试和模块级别的扩缩容测试主要针对容量规划，保证系统性能的水平可扩展性。模块级别的压力测试是指，针对高负载场景下系统的稳定性和可靠性开展的测试，目的是发现长时间压力负载下的各类问题。系统集成的性能测试是指，从端到端的角度来对全量系统开展性能测试，一般包括基线测试和压力测试等。

持续发布阶段的 DevPerfOps 实践

在持续发布阶段，DevPerfOps 实践主要包括系统级别的性能基准测试、系统级别的压力测试、系统级别的容量规划、系统级别的扩缩容测试、系统级别的故障迁移测试、系统级别的稳定性测试和全链路压力测试等相关实践。这些测试类型都是大家所熟知的性能测试种类和类型，这里就不再逐一展开介绍了。

至此，我们通过上述的实践把性能工程的实践融合到 DevOps 的全流程中，实现了 DevPerfOps。

4.9 软件产品的可测试性和可运维性

在芯片设计的过程中有一个非常重要的环节叫 DFT，是 Design For Test 的简称。DFT 是指预先规划并插入各种用于芯片测试的逻辑电路。由于芯片在封装后的测试非常困难，所以芯片制造后期的很多测试都要依赖于 DFT 的设计，只有这样才能提高后期芯片测试的效率，进而提升整个制造过程的效率。

对于软件测试，其实也具有相同的逻辑，如果在软件的设计和开发阶段完全不考虑软件开发后期测试和运维的方便性，那么软件开发后期的效率就会变得十分低下，有时甚至会寸步难行。后期测试的方便性，或者说开展测试的便利程度，被称为可测试性。同样地，后期软件运维过程的便利程度，被称为可运维性。

如果在软件开发的前期，不考虑可测试性和可运维性的设计，那么到了后期想补救时成本往往会很高。

4.9.1　可测试性的例子

很多软件产品为了防止被自动化脚本恶意攻击，专门设置了登录过程的短信验证码作为二次验证机制，这一设计虽然截断了脚本恶意攻击的可能性，但是也为软件的自动化测试设置了障碍。从本质上讲，自动化测试脚本和恶意攻击脚本并没有实质性的区别，都是通过自动化的手段来操作软件，所以短信验证码二次验证机制也直接阻碍了自动化测试，会让 GUI 自动化测试变得无法开展，因为自动化测试脚本无法从手机上自动获得正确的验证码。

再举一个例子，很多产品的登录过程会启用图片验证码来防止恶意的自动化脚本登录，但是这样的设计也让 GUI 自动化脚本变得举步维艰，也许你觉得可以用类似 OCR 的插件来应对此类机制，但是由于使用这类图片本身就是为了防止自动化操作的，所以 OCR 的识别率往往会非常不理想，如果 OCR 的识别率很高，反而说明产品的图片验证码有被安全攻击的隐患。

所以在启用图片验证码功能后，GUI 自动化测试就很难顺利开展了。

对于以上这类二次验证机制和图片验证码，我们要在设计阶段就提前考虑软件的可测试性，让软件能够适合开展自动化测试。这样的手段有很多，比如引入全局配置开关，在测试环节关闭二次验证功能，在测试阶段暂时不做实际校验，也可以预留隐藏接口，让测试用例能够获取正确的二次验证信息。只有这样，才能让后期的 GUI 自动化测试顺利开展。

这种可测试性的例子还有很多，比如面对性能的测试场景，当我们发现某些事务的响应时间过长，需要排查具体慢在哪个环节的时候，被测系统的日志需要有业务操作的时间戳信息，否则就要修改代码进行打点，或者借助 JVM-Sandbox 技术来输出业务操作的耗时信息，这样的成本及技术难度往往要高不少，如果能够在设计阶段就考虑这些场景，那么后期的工作就会很容易开展。再如，面对微服务架构下的消费者契约测试，通过服务调用日志的大数据分析来获取接口契约的难度和成本都比较高，但是如果我们在 API 接口的设计阶段就考虑把 API 调用的 request 和相应的 response 直接进行记录，那么获取接口契约的成本和难度就会大幅度降低。

由此可见，提前设计并落地实现可测试性是非常有必要的，这能够在很大程度上帮助提高后期测试的效能，进而提升整体的研发效能。

4.9.2　可运维性的例子

深入理解了可测试性，那么可运维性也就容易理解了，我们需要在设计阶段考虑后期运维的便利性，为实现高效的运维能力提供相应的功能。

这里举一个例子。比如，某个应用在启动以后，需要对应用的状态进行实时监控，此时只通过应用进程的状态或者端口占用来判断应用的健康状态是不充分的，因为经常会出现应用进程看起来正常运行，但是应用实际已经死掉，不再能正常对外提供服务的情景。所以从可运维性的角度来看，我们可以为应用设计一个健康状态检查的接口，然后 SRE 工程师或者运维工程师就可以通过这个接口确切地知道应用的实际状态，避免各种潜在的问题和误判。

总结一下，我们需要在软件的设计阶段就考虑可测试性和可运维性，避免后期的补救，"未雨绸缪"才能避免频繁地"救火"。

4.10 总结

DevOps 从诞生之初就立足于促进技术人员之间的协作和交互，作为备受 IT 行业推崇的优秀实践，始终在不断进化中，并衍生出诸如 DevSecOps、AIOps、DevPerfOps 等新的实践方式，生命力非常旺盛。理解 DevOps 的本质和具体做法，有助于我们将其更好地引入工作中，提升研发效能。

- DevOps 是 Development 和 Operations 的组合，即开发运维一体化，测试作为质量保障角色也会被融合其中。

- 自动化是 DevOps 的核心实践之一，也是 DevOps 工程师的重要工作。

- DevOps 的生命周期包括持续开发、持续集成、持续测试、持续监控、持续反馈、持续部署和持续运营。

- 代码、分支和流水线这三个重要因素对研发效能起到关键作用。

- 持续集成并不能消除缺陷，但可以让缺陷非常容易被发现和改正。

- 既然我们在事前无法将软件质量的确定性测量出来，也无法避免突发故障的发生，那么就要接受系统一定会存在缺陷和发生故障的混沌态，通过一系列的演练频繁暴露这些问题。

- DevSecOps 意味着安全成为整个团队共同的责任，每个人都应该在 DevOps 的 CI/CD 工作流中构建安全体系。

- AIOps 整合大数据和机器学习能力，通过松耦合、可扩展的方式提取和分析在数据量（Volume）、种类（Variety）和速度（Velocity）这三个维度不断增长的 IT 数据。

- DevPerfOps 所要解决的问题是，将性能保障的活动植入研发过程的各个环节，从而从源头来保证软件的高性能和高可靠性。

- 如果在软件开发的前期，不考虑可测试性和可运维性的设计，那么到了软件开发后期，再想补救时，成本往往会很高。

第 5 章

基于工具的研发效能提升（基础篇）

俗话说"工欲善其事，必先利其器"，缺少合适的工具，研发效能的提升便无从谈起。但从另一个角度来说，并不是有了工具就一定能提升研发效能，一个质量低下、体验糟糕的工具甚至会降低研发效能。

我们深知工具建设不是一件容易的事情，以自动化工具为例，有些团队执着于通过自动化工具提升测试覆盖率，但过了一段时间，发现似乎投入的成本比手工测试还高，于是陷入了两难的境地，要不要继续进行下去呢？

诸如此类的困惑还有很多，在这一章和下一章中，我们将介绍一些经过大厂实践锻造的工具建设"干货"，帮助读者深入理解这些工具的建设过程，以及建设这些工具背后的考量。

5.1　造数能力

数据是贯穿整个研发过程甚至整个软件生命周期的最基础的元素，我们无时无刻不在与数据打交道。而与之相对应的是，在软件质量保障工作中，经常会因为数据的缺失或不完整影响效率，环境和数据也是被频频吐槽的两大痛点，例如：

- 测试退单服务功能时要依赖订单数据，而创建订单需要经过多个服务，理解多种参数，消耗的时间甚至比测试时间还长。

- 测试过程中通过调用 A 接口生成用户数据，但 A 接口所对应的 A 服务出现了问题，尽管被测服务 B 与 A 服务不直接相关，但我们依然会因为无法造数而被迫中断测试。

- 为保证测试覆盖率，针对某营销场景需要准备多种类型的券数据，但测试环境中只有一部分数据。

这些问题极大地影响了测试效率，迫使软件研发周期拉长，最终影响项目按时交付。我们希望能够通过一系列技术手段，消除这一堵点，让数据不再成为瓶颈。

5.1.1　通过服务接口实时造数

造数有很多种方式，通过服务接口实时造数、通过 GUI 造数、通过数据库操作造数，等等。我们优先推荐通过调用服务接口的方式进行造数，背后的考量在于，服务接口造数的实施成本是最低的，也是相对最稳定的方式，容易规模化，这是很大的优势。

通过服务接口实时造数的另一个优势是职责清晰，造数逻辑本身是需要有业务领域知识支撑的，这就涉及由谁来编写造数逻辑的问题。根据自动化测试金字塔理论，我们希望将更多的注意力放在接口自动化测试上，如果测试人员能做到这一点，并具有接口逻辑的领域基础知识，就可以承担这部分职责，将造数和用例编写闭环进行。

另外，通过服务接口实时造数的方式是很容易分享的，以 Python 脚本的形式，甚至只是一段 curl 命令，任何人不需要准备特殊环境都可以轻松地完成造数。

5.1.2　异步造数与造数平台

在测试环境的稳定性无法保证的情况下，链路越长，经过的服务越多，出错的概率就越大。为了在不稳定的测试环境中尽可能保证测试用例执行的稳定性，我们可以将造数逻辑与测试用例解耦，在用例主体中不使用造数逻辑，而是通过外部平台"事先"造好这些数据。

对于无状态的数据而言，异步造数是非常有效的手段，我们所要做的是，事先预估好数据的类型及涉及的属性，并编写造数脚本。接下来，通过一个造数平台，有策略地去生成这些数据以备用，数据被存放在数据池中（可以是消息队列），平台提供接口供自动化测试用例调用。

数据池的大小可以是自适应的，比如，用户账号数据池的初始大小为10，在某个时间段突然有测试用例尝试获取 100 个用户账号，我们认为很可能短期内还将有类似的需求，于是针对该数据类型将数据池的大小自动扩张到100。如果在一段较长的时间内，都没有大批量获取该数据的需求，数据池的大小将逐渐回归初始值，这样可以最大化地满足动态需求。

对于有状态的数据，如订单，如果在一段时间内没有处理，可能会自动无效或超时，就不太适合异步造数了。一种变通的做法是，对这类数据设置一个超时时间，超时的数据将自动从数据池中被剔除，平台会同时补齐新的数据，以保证所有池内数据的可用性。

还有一个常见的问题是，我们都希望测试数据能够做到用完即抛，这样使用这些数据的测试用例就可以接近是无状态的，稳定性极佳，但实践中这样的方式也会导致数据量激增，性价比不是很高。我们可以将数据分为两类：可复用数据和不可复用数据，如果测试用例不会对所使用的数据产生副作用（如修改用户属性、更改订单状态等），就可以将其设置为可复用数据，数据池将保持这些数据供反复消费使用。反之，则一次消费后就抛弃，下一次消费者将拿到全新的数据。这种方式较好地平衡了数据量和稳定性的要求。

此外，为了避免某些外部的批处理操作将数据池中的数据污染，我们也可以设置简单的巡检功能，定时检查数据的可用性，及时将不可用的数据清除，再实时补齐。

上述所有的这些功能，其目的都是保证测试用例在执行时，一定能够获取可用的测试数据，且没有任何其他依赖。这些功能需要在造数平台中得到支持，并通过 OpenAPI 或 SDK 供外部测试用例脚本调用，图 5.1 为造数平台的功能设计图，供读者参考。

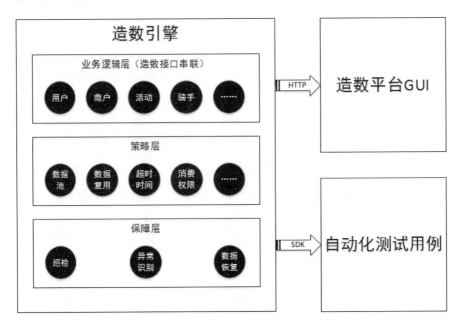

图 5.1　造数平台的功能设计图

5.1.3　黄金数据集

通过上面的介绍，可以看到通过服务接口实时造数和异步造数各有利弊，实时造数成本低，但依赖严重，稳定性差；异步造数成本高，但通过各种策略能够保证数据的高可用。下面，我们再来介绍一种全新的数据构建思路，我们称之为黄金数据集（Golden Data Set，GDS）。

黄金数据集的核心是通过在数据库中直接植入一些固定数据，并通过脚本定期重置状态或锁死状态，达到随时可用的目的。黄金数据集中的固定数据基于 SQL 语句在环境初始化时构建，即所有的环境都拥有相同的黄金数据集。这样，测试用例甚至可以直接硬编码这些数据。由于黄金数据集的状态重置任务的执行是低频的（一般每天一次），因此针对每种数据都会事先生成较多记录，以便业务方错开使用范围，避免互相污染的情况发生。

黄金数据集的好处是显而易见的，测试方不需要生成数据，而且由于每个环境都有相同的数据，测试脚本可以跨环境执行。但黄金数据集的缺点也很明显，首先需要有数据库专业人员或运维支持，且需要理解业务逻辑；其次，对于会对数据产生副作用的测试用例，也不太适合大量使用这种方式。

黄金数据集比较适合的领域是，数据构建复杂，但数据一旦建立后可以被反复、无副作用地使用。例如，建立某种类型的活动，以及相关联的商家，配置比较复杂，但这个活动可以被反复用来测试，即便会消耗预算（我们只需要配置一个较大的预算值），每日重置也足够了。

5.1.4　生产数据迁移

我们再换一种思路，生产环境拥有最全面的数据，是不是可以将生产环境的数据导出，作为一种黄金数据集存放在测试环境呢？当然是可以的，不过我们需要注意控制风险。

首先，生产环境的数据中可能会包含一些敏感信息，如姓名、身份证号、手机号等，导出时需要脱敏或偏移；其次，导出时要控制 QPS，以免造成数据库负载过大，影响线上服务，导出工作最好在低峰期进行；最后，数据在导入测试环境前还需要进行一定的加工，以免与现有数据产生冲突。

5.2　流量回放

软件系统的功能回归是一个老生常谈的话题了，我们都希望新代码的变更不会影响老代码的功能，为此需要实施回归测试，但传统回归测试的成本是非常高的，视业务复杂度经常需要花几小时甚至几天时间才能完成。笔者所经历过的某家外企，在高度重视自动化的情况下，完整地进行一轮自动化回归测试也要 4 小时左右。

与此同时，回归测试效能提升的诱惑力又是很大的。如果一整套回归测试自动化用例集可以在 15 分钟内执行完，那么研发人员甚至可以在每次提交代码后，通过 CI 流程直接触发回归测试，然后喝一杯咖啡等待结果。好处是，研发人员不再需要依赖测试人员的过程介入，就可以快速获得质量反馈，这与传统回归测试实践相比简直是降维式打击。

业内对于回归测试的效能提升大致有两个方向，第一是精确找出需要回归的范围，尽可能缩小回归测试的规模，即精准测试；第二是通过自动生成不相互依赖的回归测试用例，并通过比对的方式校验正确性，从而将回归测试的实施成本降到最低，比较著名的就是流量回放技术。我们在进阶篇会着重介绍精准测试，本节我们先来看一下流量回放的应用。

5.2.1　传统流量回放技术

简单地说，流量回放就是将线上流量录制下来，在开发或测试环境进行回放，检验系统功能是否正常的过程。由于绝大多数流量都是由线上用户的真实行为所产生的，因此流量回放的覆盖率理论上也是非常高的。

我们以 GoReplay 工具为例，介绍一下流量回放的全过程。图 5.2 展示了 GoReplay 的工作方式，整体上分为录制和回放两大部分，录制在线上进行，通过监听的方式获取流量，将其输出至服务器或保存为文件，GoReplay 本身不会拦截任何请求，只会复制请求，在这一过程中可以对请求进行过滤和加工。接下来，通过转发（从服务器或从文件）的方式，将这些加工好的流量回放至测试环境。

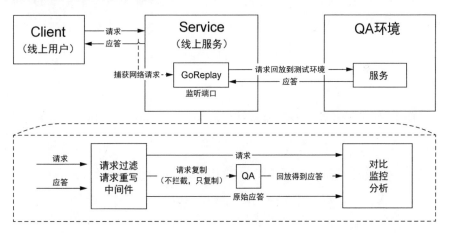

图 5.2　GoReplay 的工作方式

如果是实时转发（即通过服务器的方式转发），一行命令就可以实施了，下面的命令就能够将目前服务器上经过 8000 端口的流量实时转发至 http://example:8081 服务器。

```
sudo ./goreplay --input-raw :8000 --output-http= http://
example:8001
```

5.2.2 请求对比

录制和回放是流量回放技术的主体，不过要将流量回放应用在回归测试上，还需要增加检验的环节，如果针对每一个录制的请求都去编写校验点，显然代价又会很大。我们可以利用流量回放的特点，通过请求比对的方式自动化地完成检验工作。请求比对是将同一请求在录制和回放时获得的响应内容逐字段校对，如果完全相同，则比对通过，反之则报错。

不过，这种比对方式在实际应用中会有不少问题，其中最主要的问题是噪声，因为并不是字段内容不一致就一定是 Bug，比如时间戳字段的内容肯定是不一样的，又比如请求的响应可能与数据有关，也会导致不一致。

Diffy 提供了一种经典的流量回放去噪方式，如图 5.3 所示，我们在回放流量前加一层代理，代理主要完成两项工作：第一，将流量回放至两个对等的迭代前测试环境，这两个环境中所有的服务和数据保持一致，针对同样的请求，将在两个环境中获得的响应内容进行比对，若某些字段不一致，就将其视为噪声，加入白名单；第二，在迭代后的测试环境，即目标测试环境中执行回放，并比对差异，若差异在白名单内，则忽略，反之则记录在案。最后输出所有过滤后的差异，其中很有可能就包含了 Bug。

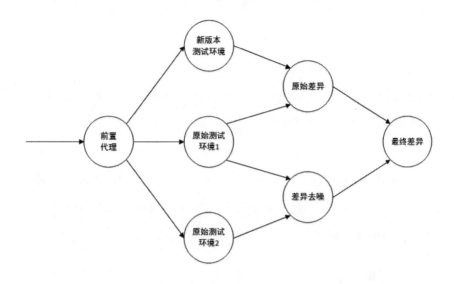

图 5.3　流量回放去噪方式

5.2.3　高级流量回放技术

细心的读者会发现，传统流量回放技术有一些难以解决的硬伤，它对环境和数据的依赖较高，且只能支持读请求，使用场景比较受限。这些问题的本质在于，传统流量回放技术都是以请求为最小单位的，对请求执行过程中涉及的链路和中间件不感知，只关注执行完的结果，因此所有回放请求必须实际经过整条链路，如果环境中缺乏相应的数据，或数据不一致，就会影响结果。

为应对这些问题，下面我们介绍另一种更高级的流量回放技术。该技术基于的工具是 jvm-sandbox-repeater，这是阿里开源的 JVM-Sandbox 生态体系下的重要模块，提供了无侵入式的流量回放能力。

与传统流量回放技术不同，jvm-sandbox-repeater 通过字节码动态增强技术，能够观察并获取每次请求调用涉及的各个环节的入口和出口信息，并在回放时适时进行干预，达到 mock 的效果，以支持写请求的回放。

上述解释也许较为晦涩，我们通过图 5.4 来做具体讲解。图片的左边部分为录制的过程，jvm-sandbox-repeater 作为代理 attach 到目标服务进程中，它能够识别请求链路中经过的各个节点，如调用数据库、操作 Redis、写数据至消息队列，以及调用其他服务，等等。在经过这些节点时，jvm-sandbox-repeater 会记录入口调用和返回数据。以调用数据库为例，入口调用就是 SQL 语句，返回数据就是查询出的结果信息。所有这些采集到的信息会按顺序存放至上下文中，并推送到消息队列中备用。

图 5.4 的右侧展示了回放的过程，与传统流量回放直接回放请求不同，jvm-sandbox-repeater 实际上是将刚才保存的上下文进行顺序回放，在这期间遇到中间节点则直接返回结果。我们还是以数据库为例，在回放链路经过数据库调用时，jvm-sandbox-repeater 会将上下文中录制的数据库输出结果直接返回，而不会实际调用数据库，变相达到了 Mock 的效果，从而能够支持写请求的回放工作。最后，将最终结果进行比对，输出报告。

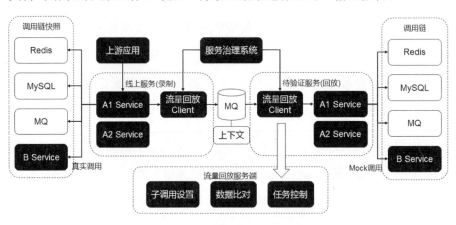

图 5.4　高级流量回放

jvm-sandbox-repeater 还支持子调用的模式，可以将多个操作或节点视为一个黑盒，回放时不进入逻辑而直接返回结果，以增强回放的稳定性。举个例子，很多请求都会先进行鉴权，鉴权通过后才会执行业务逻辑，但回放时用户的认证信息一般都与线上不一致，鉴权无法通过，这时可以将整条鉴权链路设置为子调用，默认都返回 true，从而确保请求能够有效执行。

最后，我们通过如下案例，帮助读者更好地理解高级流量回放中的录制流程、回放流程和比对流程的细节。

录制流程

- A Service 被调用，AOP 记录 A Service 的请求，写入 A 上下文。

- 调用 Redis，AOP 记录 Redis 的入口请求和出口响应，写入 A 上下文。

- SOA 方式调用 B Service，AOP 记录 B Service 的请求和响应，写入 A 上下文。

- 调用 DAO 操作 DB，AOP 记录 DAO 的入口请求和出口响应，写入 A 上下文。

- 通过数据库中间件时，记录执行 SQL 语句，写入 A 上下文。

- 发送消息，AOP 记录消息内容，写入 A 上下文。

- A Service 调用结束，AOP 记录响应，写入 A 上下文。

- 将整条调用链上下文（A Context）输出至外部消息队列。

回放流程

- 从外部消息队列获取调用链上下文，对 A Service 发起请求。

- 调用 Redis，判断结果是回放流量，记录调用 Redis 的入口请求，写入 B 上下文，并从 A 上下文中获得出口响应，进行 mock 返回。

- 通过 SOA 方式调用 B Service，判断结果是回放流量，记录调用 B Service 的请求，写入 B 上下文，并从 A 上下文中获得响应，进行 mock 返回。

- 其他流程类似，略过……

- 将 A 上下文和 B 上下文输出至流量回放服务器。

比对流程：

- 通过 Diffy 模式进行去噪。

- 将 A 上下文和 B 上下文逐字段比对，若不一致则输出。

- 支持通过脚本对比对逻辑进行加强。

5.3 精准测试

我们继续讨论在研发效能中如何减轻测试环节耗时的问题。通过并行执行加快自动化测试用例的执行速度是一个方向，另一个方向则是只运行需要运行的测试用例，前者追求速度，后者追求效率。我们更愿意讨论后者的原因是，随着回归测试用例集的不断扩大，我们不可能无限提升执行速度，因此总会遇上瓶颈，而按需运行测试用例，才是更科学和长远的提升效能的方式。

5.3.1　什么是精准测试

在介绍精准测试的概念前，我们先来了解一下穿线测试的理论。如图 5.5 所示，不同的测试策略对覆盖率的表现是不尽相同的，（a）图表示的是黑盒测试的成本与覆盖率的关系，可见在初期覆盖率能够快速增长，但达到一定的阈值后，覆盖率的"最后一公里"将很难达到。原因也很容易理解，黑盒测试只是从功能角度编写测试用例，不考虑代码细节，所以增加测试用例很可能也只是覆盖了之前覆盖过的代码。

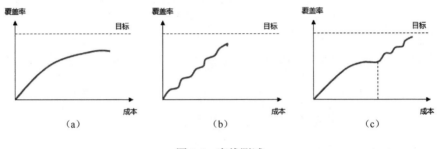

图 5.5　穿线测试

（b）图表示的是白盒测试的成本与覆盖率的关系，与黑盒测试正好相反，由于白盒测试直接面向代码设计测试用例，代码覆盖率可以达到很高的程度，而且用例数量的增加和覆盖率是呈正比的。但白盒测试的成本较高，对测试工程师也有一定的技能要求，至少要能分析代码逻辑，完全依赖白盒测试不是很适合目前互联网高速发展的现状。

于是，我们考虑是否可以将黑盒测试和白盒测试结合起来，最大化地发挥各自的价值，这样就诞生了穿线测试的理念。如（c）图所示，穿线测试的做法是，先通过黑盒测试的方法，快速将覆盖率提升到一个比较经济的水位（通常定为 70%），接着定位出未覆盖的代码，通过白盒测试的方法补充用例。

穿线测试的核心在于，即便采用黑盒测试，我们也需要知道测试用例覆盖了哪些代码，继而推断出未覆盖的代码，再通过白盒测试进行补充。

我们将穿线测试的理论推广，就可以得出精准测试的概念了。通俗地说，精准测试就是通过将测试用例和开发代码进行关联，在代码变更时能够准确识别出需要执行的测试用例，达到"改哪里、测哪里"的效果。这种执行方式上的改变，带来了思维上的重大变革，主要体现在以下三点：

- 测试工作由"劳动密集型"转变为"智力密集型"，测试工作的实施更科学。

- 便于量化测试范围和结果，避免盲测。

- 便于精细化管理，提升研发效能。

下面我们就来具体看一下如何实施精准测试工作。

5.3.2　精准测试的工程化实施

精准测试在工程上的实践已经比较成熟，下面我们以 Java 项目为例，使用流行的开源工具来搭建一套精准测试系统。如图 5.6 所示，整个系统分为静态分析、映射关系和用例推荐三部分。

静态分析的对象是不需要执行代码就能得到的信息，比如基于代码的静态文件，我们可以通过抽象语法树（Abstract Syntax Tree，AST）分析出这是哪个类，这个类中有哪些方法，以及这些方法对应的行数。分析出这些信息（下称 A）后，将其持久化至数据库备用。

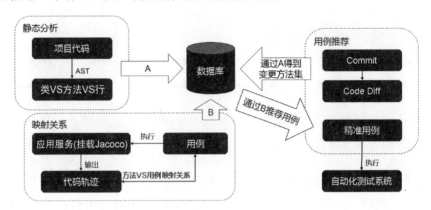

图 5.6　精准测试系统

映射关系主要指的是代码方法和用例之间建立的映射关系，必须将代码执行起来才能获得这些信息。我们可以使用 Jacoco 开源工具对目标代码进行插桩，在执行用例时记录代码轨迹，分析出涉及的方法后，与测试用例进行 1：1 关联，同样持久化至数据库备用。

有了上述两类信息后，我们就可以开始进行精准测试了。具体的流程是，在研发人员提交代码后，代码仓库会给出 Diff 信息，通过分析 Diff 信息可以识别出代码变更具体的类和行信息。我们注意到，在静态分析中已经存在类、方法和行的映射关系，将变更的类和行信息输入，就可以推导出变更的方法。当然，在实践中，Diff 信息也会含有一些噪点，比如添加了注释，或者加了空格，这类情况在获取 Diff 信息后就可以先行筛查掉。

再将变更的方法通过之前建立的"方法与用例"的映射关系，选出需要执行的测试用例，执行这些测试用例的过程就是精准测试的过程。

无论基于何种编程语言构建的系统，建立精准测试系统的关键都是获取测试用例执行时的代码轨迹，并以此作为素材进行用例推荐。

5.3.3　精准测试的应用

基于精准测试的实施过程，从正向和逆向视角看，有两项基础应用：

- 正向视角：在用例执行时，可以观察到涉及的代码轨迹，这在排障的时候会很有用，也便于复现问题。

- 逆向视角：执行测试后，可以观察到覆盖率的情况，继而判断还有哪些代码未被覆盖到，并据此添加用例，最终达到较高的代码覆盖率。

这两项应用在很多大厂都已经有了成熟的实践，并且正在逐步走向精细化。例如，通过集成链路追踪技术，并行建立测试用例和代码轨迹的映射关系，提升构建知识库的效率；通过优化代码覆盖率获取模式，支持代码染色，可以在执行测试用例时实时观察代码覆盖情况，提升用例评审和排障的效率。

除此之外，测试人员在平时经常遇到的一些质量"拷问"，比如，执行的测试用例究竟能在多大程度上保障系统质量，等等，也可以应用精准测试来回答。这些问题在某种程度上是质量公信力缺失的表现，其实质还是缺乏观测数据作为输出，更多时候是依赖测试人员的体感来佐证，一旦出现漏测情况，便会引起负面评价。精准测试通过精确的覆盖率信息反馈，提供了指向性明确的质量评估信息，这无论对质量本身还是对质量提效，都是很有帮助的。图 5.7 展示了通过精准测试完成质量评估的过程。

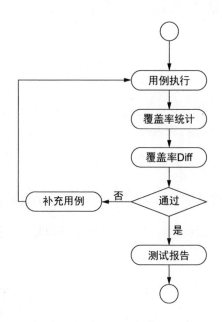

图 5.7 通过精准测试完成质量评估的过程

5.4 异常场景测试

　　一个健壮的软件系统善于应对各种异常情况，同样地，异常场景的测试也应被视为"正常"测试的一部分，但令人痛苦的是，异常场景往往难以构造和验证，颇为影响效能。于是，一些团队被迫曲线救国，采取了"带伤上线"的策略，靠线上灰度来发现问题。

　　这样的例子有很多，比如，我们通常认为消息队列是不可靠的，为应对可能丢消息的情况，需要有相应的补偿机制。再比如，在电商交易的下单链路中，会涉及扣减资源的情况，如果扣减失败，也需要有补偿机制。针对这些场景的测试工作，需要制造丢消息和扣减失败的现场，才能验证补偿机制是否正常工作，这对常规的测试方法是一个挑战，往往会花费大量的时间，甚至像上面提到的干脆不测试，上线后让"用户"测试。

要做到高效的异常场景测试，有下面几个呈递进关系的关键点：

- 能够有办法制造出所需的异常场景。

- 能够以较低的成本（无侵入性、门槛低）制造出异常场景。

- 制造的异常场景在满足异常测试需求的同时，不能阻塞正常功能的测试工作。

- 异常场景测试的自动化实施。

下面我们基于业界流行的 JVM-Sandbox 工具，围绕一个实际案例来具象化地阐述上述思路。

5.4.1 一个交易服务逆向流程补偿机制的设计

交易服务是互联网电商的核心服务，逆向流程指的是用户取消订单或退单等发起的一系列流程，这一流程中会同时涉及大量的资源回退任务，比如用过的券要返还、用过的积分要返还、付过的钱要退款、占用的活动名额要释放，等等。这些任务一旦回退失败，必然引起用户不满，导致客户投诉。

图 5.8 是一个交易逆向场景高度简化的 UML 时序图，当逆向流程触发时，逆向服务将记录相应的任务字段，同时告知订单服务需要进行退单。考虑到高并发的场景，我们并不会同步处理所有的资源回退，而是将需要回退的任务消息发送至 MQ，异步创建回退任务并执行。

　　这里存在的问题是，在逆向服务通知订单服务时，订单的状态已经被置为取消，也就是说，用户已经看到了该订单被取消的状态。但假如异步执行的回退任务失败，就会发生订单被取消、钱却没有回来的窘况。为应对异步化带来的这种问题，我们设置了一个补偿 Job，每隔 10 分钟拉取 30 分钟内未执行成功的任务，根据当时的回退状态和类型进行补偿，保证所有资源回退到位。

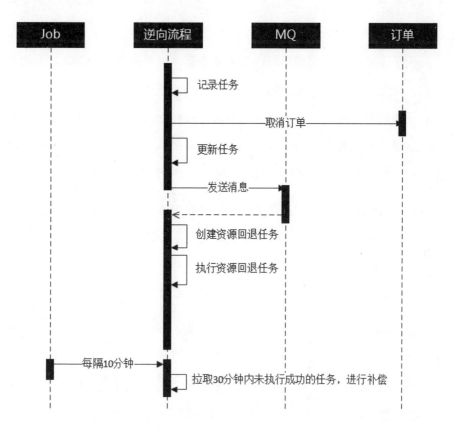

图 5.8　交易逆向场景的 UML 时序图

5.4.2　使用 JVM-Sandbox 制造异常场景

　　针对上述场景，常规功能的测试并不困难，使用各种资源进行下单，取消订单后观察资源是否返还即可。但异常场景测试需要模拟系统异常的状态，如创建资源回退任务失败、补偿失败等，异常场景测试最大的难点就是构造出这些场景。下面我们来看一下基于 Java 服务的异常场景构造是如何进行的。

　　为了简便起见，我们将测试范围缩小到一种异常场景的验证，具体内容为：创建退款回退任务失败，且补偿 Job 第一轮执行也失败，验证第二轮执行是否能够完成退款补偿。这个异常处理包含两部分，首先，要破坏掉相应的退款回退任务，但不能影响其他任务的执行；其次，要让补偿 Job 第一次补偿失败，第二次补偿成功，相当于进行选择性的破坏。

　　JVM-Sandbox 是阿里开源的一个优秀的 JVM 层面的 AOP 工具，可以在运行期进行无侵入式的字节码增强，这里不赘述具体的安装过程，读者可以自行查阅官网文档。我们先在服务节点上挂载 JVM-Sandbox 的代理并attach 到 Java 进程中，然后启动相应的注入脚本。

　　注入脚本是异常场景模拟的主体，非常重要。针对退款回退任务，我们来看一下如何编写异常注入脚本。首先，我们要找到注入的目标方法，com.xx.task.BackwardTask.refund(...)是退款的资源回退方法，我们需要将其破坏掉。在代码中，我们通过 onClass()和 onBehavior()方法定位到注入的目标方法，然后确定破坏的时机，这里我们通过 before()方法在目标方法调用前就触发我们注入的逻辑，即 throwsImmediately 直接抛出异常，达到最终的注入效果。

```
@Command("inject")

public void inject() {

    new EventWatchBuilder(moduleEventWatcher)

        .onClass("com.xx.task.BackwardTask")

        .onBehavior("refund")

        .onWatch(new AdviceListener() {

            @Override

            protected void before(Advice advice) throws
Throwable {

                ProcessController.throwsImmediately(new
Exception());

            }

        });

}
```

对补偿 Job 的注入也是同理，唯一的区别是，我们需要控制第一次调用时不生效，而后续调用的又要恢复正常。这里可以使用 static 变量存储一个全局计数器，在注入体内部通过条件判断的方式执行相应的逻辑，就可以达到这个效果了。

```
private static int count = 0;

@Command("inject2")

public void inject() {

    new EventWatchBuilder(moduleEventWatcher)

        .onClass("com.xx.job.BackwardJob")

        .onBehavior("compensate")

        .onWatch(new AdviceListener() {

            @Override
```

```
            protected   void   before(Advice   advice)   throws
Throwable {
            if (count++ == 0) {
                ProcessController.throwsImmediately(new
Exception());
            }
        }
    });
    }
```

当然，上述逻辑只是在理想情况下的注入效果，实际上可能有其他任务也会调用这个 Job，导致计数器不准确。读者可以想一想，如何解决这个问题？

5.4.3　兼容异常场景测试和正常场景测试

我们已经能够通过动态修改实现方法的方式进行异常场景测试了，但还有一个问题仍未解决，那就是异常场景的构建会影响正常场景的测试，这样虽然提升了异常场景测试的效率，却牺牲了正常场景测试的效率，这是我们所不希望看到的。

兼容两种测试工作能够同时进行的方案是，限定异常场景注入的范围，比如只对某几个测试用户生成的订单注入异常逻辑。JVM-Sandbox 支持获取目标注入方法的输入参数，通过对参数加以判断执行不同逻辑，从而在不影响正常测试的情况下，使用这几个特定用户进行异常场景测试。

5.4.4　异常场景测试平台

通过上述几个例子，我们发现异常场景测试工作还是有一定门槛的，异常场景的梳理、工具的安装和启动、注入脚本的编写等，都是挑战。如果能有平台工具将一部分烦琐的工作自动化处理，并对注入逻辑进行封装，尽量让测试人员不陷入手工编写代码的境地，就能够大大降低异常场景的测试门槛。

异常场景测试平台可以分为三层，如图 5.9 所示，第一层为驱动层，用于将异常场景注入所需的文件和脚本上传至服务器指定位置，并与注入命令进行交互。第二层为逻辑层，封装常用的异常场景注入逻辑，使得大多数情况下用户不再需要手写完整脚本。第三层为验证层，用户可以简单地进行一些功能验证工作，也可以与外部的自动化测试平台联动进行验证。

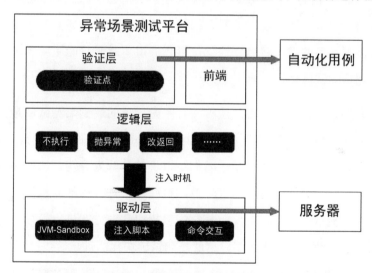

图 5.9　异常场景测试平台

值得一提的是，由于异常场景注入也是故障注入的一种类型，因此，异常场景测试平台也可以与故障注入平台集成在一起，或共同开发。

5.5　测试模块化

　　测试工作是软件研发和交付过程中不可或缺的一部分，且往往占据了可观的时间周期，因此，降低测试成本、提升研发效能，一直是行业研究的热门问题。本节，我们将目光聚焦在较为"笨重"的端到端测试用例上，谈一谈如何降低编写端到端测试用例的成本。

　　端到端测试是前面提到的高级流量回放的有力补充，不进行任何的mock，直接走通链路，比较适合联调和最后一道回归测试。不过端到端测试用例的编写成本比较高，且需要编写者具备一定的全局业务知识，至少要熟悉被测服务的调用链路，这就使得我们很多时候只能完成一些关键场景的端到端测试自动化，无法更进一步。

　　我们先来回答一个问题：覆盖所有回归场景的端到端测试，是否存在重叠的情况？直觉告诉我们，重叠的情况应该是非常多的。如图 5.10 所示，针对电商业务常见的下单场景，我们可以将其分解为导购、加购物车、使用红包、下单、结算、支付六大环节。这些环节都有可能会重复出现在不同的端到端测试用例中，因此，将它们以模块化的方式进行管理，有效地复用到各个端到端测试用例中，这就是测试模块化的理念。

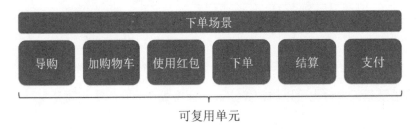

图 5.10　下单场景拆解为六大可复用模块

5.5.1　可复用单元

测试模块化的第一步，是建立可复用的单元（即模块），可复用单元的本质是原子化的场景，比如加购物车就可以认为是一种原子化的场景，是可复用的最小单元。需要注意的是，可复用单元本身也是一个测试用例，具备测试用例所有的要素，可以单独执行。

更多的情况下，我们会将这些可复用单元连接起来，组成端到端测试用例，如图 5.11 所示，我们通过设置三个可复用单元，组成了三个端到端测试用例。

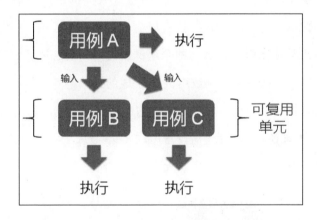

图 5.11　可复用单元

要做到拼接单元，必须协调好各个单元的输入和输出，我们可以通过建立一定的编排规则来满足这个需求，当拼接单元的出参和被拼接单元的入参相匹配，或包含入参的对象时，就可以拼接在一块，反之则无法拼接，如图 5.12 所示。

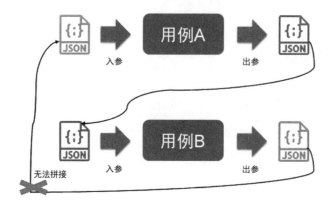

图 5.12　单元的拼接

　　这种方式还有一个好处，即各单元之间都是可插拔的，我们随时可以替换掉一个单元，只要入参和出参能匹配上即可。如图 5.13 所示，假设我们有一个用例 A，这个用例 A 执行完以后会生成一个订单，用例 B 需要输入订单数据走后续流程，那么这两个用例就可以拼装起来。这时候如果产品的功能发生了一些变化，导致用例 A 生成的订单不满足用例 B 的要求，那么我们可以找一个能够生成满足需求的订单的用例 C，和用例 B 拼接起来。对用例 B 来说，由于我们输入的都是订单信息，所以它不需要做任何修改，这是一个代价较低的工作，大大减轻了维护工作量。

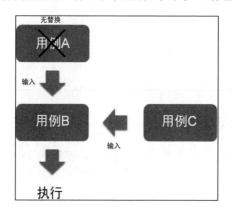

图 5.13　可插拔单元

5.5.2　切面化

切面化的概念有点类似于 Spring 中的面向切面编程（AOP），我们在可复用单元的基础上进行增强，在每个单元内部都设计了一些切面，通过植入不同的操作改变这个单元的行为，从而达到复用单元本身的效果。比如，如图 5.14 所示，针对使用红包单元，如果用户账户里已经有红包，则可以直接使用；如果没有满足要求的红包，那么需要增加一个领券的环节，这个操作就可以作为切面加入使用红包单元中。再如，在支付环节中，如果我们想增加绑银行卡的操作，那么同样可以在支付单元中设计一个切面植入操作，支付单元本身不需要做任何修改。

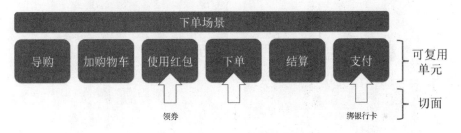

图 5.14　切面化

切面化进一步提升了模块的可复用性，原本可能因为一些细微的不同而需要重写的用例单元，通过切面化的方式可以继续复用，现代编程语言的动态特性也为切面化提供了良好的基础。

5.5.3　模块化案例

下面我们来看一个实例，图 5.15 描述了一个电商线上购买的场景，图中（a）模块框可以认为包含了一系列满足可复用性的测试模块及其输入输出，并已经植入了一些切面进行增强。我们现在要写一个端到端的链路测试用例，就可以用这些模块作为素材进行拼接。

如图 5.15（b）所示，首先，我们在外部造一个测试用户和一个测试商户，把测试用户作为输入，结合红包类型，放入添加红包这个用例模块，得到一个拥有红包的测试用户；同理，将测试商户作为输入，放入设置活动这个用例模块，得到一个带满减活动的商户；再把这个用户和商户作为输入，放入创建预约单这个用例模块，得到一个预约单的订单实体，然后执行后续的流程，从而形成一个完整的端到端的链路测试用例。

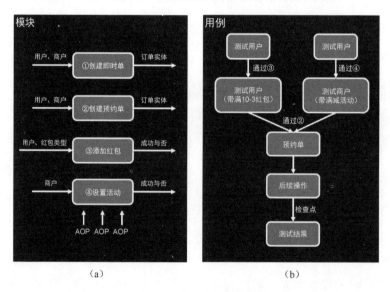

图 5.15　通过模块拼接串联端到端测试用例

还是这个例子，如果我们希望设置不同的活动，那么只需要对设置活动这个用例模块通过切面化的方式注入自定义的行为就可以了，其他内容都不需要变更。此外，我们也可以有一个界面，将这些用例模块通过所见即所得的方式展示出来，并通过拖曳的方式进行组合，最后生成需要的测试用例，会更加方便。

随着模块越来越多，编写端到端测试用例的技术人员会逐渐发现，他们能够复用的模块也变得越来越多，只需要将原材料做一些加工就可以形成新的用例了，人力投入会持续走低，这个结论已经得到了实践证明。后续我们所要做的，就是把这个庞大的可复用单元库管理好，便于用户检索和使用，防止出现冗余的情况，保持其高效地运转。

模块化的方式可以被应用在大量场合，不仅仅是端到端测试工作，这取决于模块做了什么事情。如图 5.16 所示，用例 A 定义了注册流程，注册完毕会得到一个全新的用户，那么这个用例就可以作为一个造数的模块，凡是需要有新用户进行操作的用例，都可以依赖它作为输入进行拼接，比如下单流程或领券流程。我们甚至可以写一个任务，定时调用用例 A，批量生成一些新用户，供其他用例使用。

图 5.16　注册流程的模块拼接

5.6　测试环境治理

测试环境治理恐怕是各大互联网公司都普遍头疼的一个话题，即便是在一些大厂，测试环境的种种问题依然是阻碍研发效能提升的主要因素，这些问题不外乎是：

- 测试环境不稳定：服务频繁部署、服务维护不及时、依赖服务不稳定等。

- 测试环境不够用：测试环境的数量支持多版本并行开发。

- 测试环境成本高：多套环境的资源消耗大，维护的人力成本高。

- 测试环境差异大：某些功能在测试环境与线上环境不一致，导致测试环境发现不了问题。

笔者认为，引发这些问题最根本的因素有两点：第一，测试环境不像生产环境那样始终有用户流量，一般也不会造成事故，这种现状导致了测试环境的维护和监控力度远远不及生产环境；第二，测试环境的用途和生产环境是不一样的，这就导致了测试环境中必然充斥了不稳定的代码和频繁的变更，用生产环境的视角去看待测试环境，也很难达到效果。

因此，测试环境治理需要考虑建立一套特有的机制，以应对上述问题，同时辅以有效的监管手段，避免环境腐化。下面我们就来介绍一种做法。

5.6.1 测试环境的标签化容器方案

在 4.4 节中，我们谈到了一个测试环境的容器化方案，先来回顾一下这个方案的终态。我们需要建立一个包含全量服务的主干环境，这个主干环境不允许进行任何人工部署工作，系统会定期将主干分支的最新代码自动部署至该环境，因此理论上主干环境是非常稳定的。

在做具体的测试工作时，我们可以随时搭建带标签的项目环境，甚至可以在本地搭建项目环境，通过流量路由的方式进行软隔离，测完即可销毁该项目环境。这就解决了环境稳定性差和环境不够用的问题。

这种标签化容器方案的核心在于"标签"的实现，对此我们再展开叙述一下。要做到环境的软隔离，就要保证标签在流量的整个生命周期内都能透传且不丢，否则这条路就断掉了。在服务的同步调用中保证标签透传并不困难，如果是 HTTP 请求，则将标签注入 Header 中；如果是 RPC 请求，则将标签注入 SOA 上下文中，由中间件支持标签的传递就可以了。

但是，服务流量可能还会经过一些异步的中间件，比如消息队列，生产者和消费者是不同的流量，如果不加处理，那么即便生产者流量带上了标签，将数据写入消息队列后，这个标签也会丢失，当消费者流量去获取数据时，已经无从知晓这个数据属于哪个隔离环境。最终的情况是，A 环境的消费者可能会消费 B 环境生产的数据，这是我们不愿意看到的。

解决的方法如图 5.17 所示，在消息队列接收生产者请求后，将标签转移至数据体中（可以是数据体的头部分，或者数据体的某个属性内）。当消费者流量试图消费数据时，先判断标签是否匹配，再决定是否消费这个数据。这样就解决了异步流量的标签传递问题。

图 5.17　消息队列的标签传递

5.6.2　测试环境的配置管理

要保证一个测试环境可用，除服务和流量的治理工作外，配置管理也是一项重要的工作。比如按照上述策略，我们将 A 服务拉起了一个项目环境，那么这个项目环境的配置应该怎么设定呢？是以主干环境的配置为准，还是自定义？

从需求角度出发，服务的变更也包括配置的变化，甚至业内有观点认为配置也应视为代码的一部分，总之配置也应该涵盖在测试的范围内，因此一个测试环境的配置肯定是需要自定义的。一种比较有效的方式是，在拉起项目环境的时候，提供该服务在主干环境的配置作为蓝本，用户可以修改部分自定义配置项，系统将修改后的配置项作为最终配置版本去拉起项目环境。这种做法的基本思想是，在一次测试工作中，服务的绝大多数配置是不变的，仅少量配置会变更，因此不需要每次都填写所有配置项。

项目环境的配置问题解决了，那么主干环境的配置项又该如何处理呢？我们当然可以为主干环境建立一套基础配置项，但随着服务的不断迭代，这套配置项该如何更新呢？

一种思路是引入 IaC 或类似于 GitOps 的能力，将配置以代码的形式固化下来，这样就能够一劳永逸地解决配置和环境对齐的问题。如果暂时不具备实施 GitOps 的条件，那么定期将某个"稳定"的项目环境的配置回写至主干环境也是一种思路，这个稳定的项目环境的生命周期与项目的实际上线进度相匹配，我们将其作为上线前最后一道回归测试的准发布环境，一旦服务正式发布，就将这套项目环境的配置与主干环境同步。

5.6.3　测试环境的可用性巡检

再强大的基础设施也无法保证测试环境 100%可用，要确保测试环境的可用性不影响研发效能，需要建立一系列监管机制，尽可能在早期识别出问题，养成"早发现、快解决"的习惯。

对测试环境的可用性巡检可以分为两部分。第一部分是对服务的健康巡检，即判断服务是否"活着"，当然，活着未必就可用，但不活就肯定不可用，因此健康巡检可以作为基础的巡检项去高频执行，通过监听服务心跳的方式来实现。

第二部分是业务巡检，即判断服务是否"可用"。业务巡检的方式比较多样，主要还是根据实际情况判断巡检的粒度。如果技术人员习惯较好，测试环境比较稳定，那么一般对主链路实施端到端的业务巡检就足够了；相反，如果测试环境极不稳定，那么单接口的业务巡检就势在必行。也许一开始，这会带来很多问题识别和修复的成本，但我们必须通过这种高频抛问题的方式，去倒逼基础设施优化和良好习惯的养成。

服务健康巡检和业务巡检都能以自动化的模式运作，两者结合起来，能够以较低的成本保障测试环境的可用性，避免环境腐化。

5.7　总结

工具是研发效能提升的基础设施，在合适的场景下引入合适的工具，能够极大地提升生产力，甚至颠覆一些传统的软件研发实践。本章通过介绍一些能够直接提升研发效能的工具和实践方式，帮助读者更好地将研发效能提升落到实处。

- 并不是有了工具就一定能提升研发效能，一个质量低下、体验糟糕的工具甚至会降低研发效能。

- 接口造数是实施成本最低、也相对最稳定的方式，容易规模化。

- 业内对于回归测试的效能提升大致有两个方向，第一是精准测试，第二是流量回放。

- jvm-sandbox-repeater 通过字节码动态增强技术达到 mock 的效果，以此来支持写请求的回放。

- 穿线测试的核心思想是，即便采用黑盒测试，我们也需要知道用例覆盖了哪些代码，继而推断出未覆盖的代码，再通过白盒测试补充。

- 精准测试通过精确的覆盖率信息反馈，提供了指向性明确的质量评估信息，这无论对质量本身还是对质量提效，都是很有帮助的。

- 一个健壮的软件系统善于应对各种异常情况，同样地，异常场景的测试也应被视为"正常"测试的一部分。

- 将可复用的环节以模块化的方式管理起来，并有效地复用到各个端到端测试用例中，这就是测试模块化的理念。

- 再强大的基础设施也无法保证测试环境 100%可用，要确保测试环境的可用性不影响研发效能，需要建立一系列监管机制，尽可能在早期识别出问题。

第 6 章

基于工具的研发效能提升（进阶篇）

这一章，我们继续探讨工具提效的话题。

时代是在不断进步的，我们身处互联网技术的高速发展期，每时每刻都有新想法和新点子诞生。在这一章中，我们会介绍一些前沿的提效工具和做法，帮助读者开阔眼界。这其中的某些技术虽然暂时在工程界应用得还不广泛，但它们的设计思想和理念非常先进。我们认为，比起工具本身，这些思路其实更重要。

希望在阅读这一章后，读者能够在实际工作中，应用更多创新技术，实实在在地提升研发效能。

6.1　服务虚拟化

在微服务体系的研发和测试过程中，很多效能上的损耗都发生在依赖关系上，这并不是依赖方的错，服务间存在大量的相互依赖是微服务体系的固有特点，这是无法避免的。举一些常见的例子：联调时发现链路上某一个依赖服务挂了，导致无法联调；回归测试时发现依赖的某个第三方服务没有测试环境，无法跑通链路，等等。

针对依赖问题已经有了不少解决方案，比较流行的有桩（Stub）、间谍（Spy）、仿制对象（Mock）等，它们隶属于一个共同的大类——"测试替身"，思路都是去模拟依赖方的各个要素。然而，这些方法或多或少都有一些缺陷，会导致实施的成本比较高，具体体现在以下几方面。

- 构造的返回对象或数据需要提前准备好，且这个准备的过程较为费事。

- 需要侵入代码，或侵入基础设施，或需要搭建复杂的代理服务。

- 对于遗留系统，或逻辑复杂的系统，制造替身的认知成本很高。

- 对于有状态的请求，往往难以支持，或代价很大。

我们在本节将介绍服务虚拟化技术，你也可以称它为"高级的 Mock"，它可以在一定程度上解决上述问题，从而提升研发和测试的联调效率。

服务虚拟化的本质是创建一个虚拟的服务，并通过录制回放的手段进行学习，继而有能力模拟外部服务的行为，这个虚拟服务可以被团队共享使用，且不会对已有代码造成任何侵入。服务虚拟化改变了传统的 Mock 方式，将针对对象的模拟行为转变为针对服务的模拟行为，是一种非常有前景的测试替身手段。

目前市面上最流行的服务虚拟化工具之一是鼎鼎有名的 Hoverfly，虽然诞生不久但已经受到较大关注，有非常丰富的功能和使用场景，本节也将围绕 Hoverfly 介绍服务虚拟化的搭建、配置和应用过程。

6.1.1　Hoverfly 的搭建方式

Hoverfly 有两种搭建方式：代理服务（Proxy Server）和网络服务（Web Server）。无论哪种方式，都可以做到在不侵入服务代码的前提下实现虚拟化功能。

如图 6.1 所示，代理服务位于客户端和服务端之间，请求和响应均经过代理服务，Hoverfly 可以根据配置的模式进行干涉，以达到模拟请求的效果。这也是 Hoverfly 默认的工作模式。

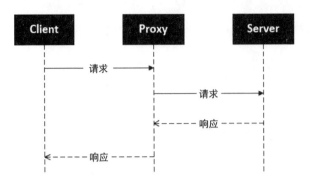

图 6.1　Hoverfly 的代理服务搭建方式

第二种搭建方式是将 Hoverfly 作为一种网络服务，如图 6.2 所示，客户端可以直接连接 Hoverfly 获得模拟信息，在这种模式下，由于 Hoverfly 没有与其他服务通信，所以无法进行请求的捕获，只能模拟服务。

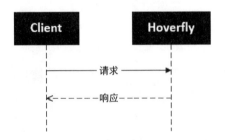

图 6.2　Hoverfly 的网络服务搭建方式

以上两种搭建方式最大的区别是，代理服务方式会进行请求转发，而网络服务方式则会直接响应。一般情况下，我们建议以代理服务方式搭建 Hoverfly。

6.1.2　Hoverfly 的六大模式

Hoverfly 提供了六种工作模式，基本上覆盖了服务虚拟化的主要功能和场景，这也是 Hoverfly 最核心的内容，下面我们来逐一讲解。

捕获模式（Capture Mode）

如图 6.3 所示，捕获模式相当于流量录制，Hoverfly 作为中间人透明地记录客户端发出的请求和服务端返回的响应，并以 JSON 文件的形式将记录信息持久化，这些信息就是后续模拟的原材料。默认情况下，捕获模式不会记录重复的请求，除非禁用相关配置项。

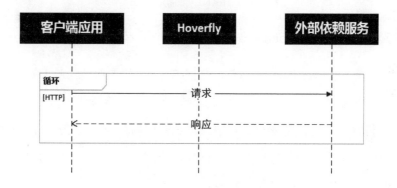

图 6.3　Hoverfly 的捕获模式

仿真模式（Simulate Mode）

如图 6.4 所示，在仿真模式下，Hoverfly 收到客户端的请求后，会使用之前录制的数据直接响应，而不会再将请求发送给真实的服务端。在这个模式下有两点需要注意：第一，仿真模式所使用的数据不一定是录制生成的，也可以手动创建；第二，如果请求没有命中任何录制的数据，将直接返回错误。

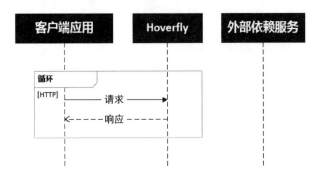

图 6.4　Hoverfly 的仿真模式

间谍模式（Spy Mode）

如图 6.5 所示，间谍模式也是一种回放模式，与仿真模式最大的区别是，对于没有匹配到的请求，间谍模式不会报错，而是直接将请求发往真实服务并获得响应。这种模式在实践中往往更有应用价值，尤其是当我们仅仅希望将一些不稳定的服务通过虚拟化方式处理，而稳定的服务仍然真实调用的时候，间谍模式就大有可为了。

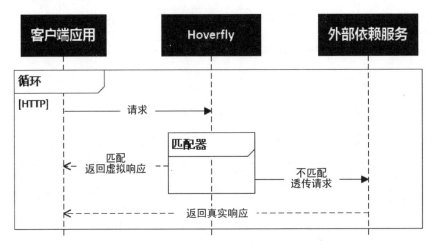

图 6.5　Hoverfly 的间谍模式

合成模式（Synthesize Mode）

如图 6.6 所示，合成模式也是一种回放模式，与仿真模式的区别是，它不会匹配录制的数据，而是通过一个外部提供的可执行文件实时地生成返回数据，再由 Hoverfly 作为响应去应答客户端，这个外部可执行文件我们称之为中间件（Middleware）。

合成模式比较适合对一些难以通过仿真模式正确录制的请求进行回放，比如某请求的响应随服务状态而变，过程又比较复杂，这时可以通过一个中间件自行编写逻辑来管理这些状态，并生成匹配的响应数据。

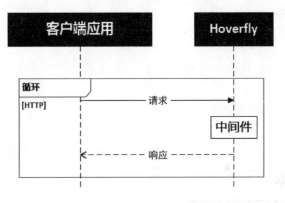

图 6.6　Hoverfly 的合成模式

修饰模式（Modify Mode）

如图 6.7 所示，修饰模式是一种特殊的录制模式，它的特点是，在客户端发出请求后，会先对请求做一些特殊处理，再发送给服务端；同理，服务端接收响应后，也会做一些特殊处理，再返回给客户端。两者都通过外部可执行文件进行支持，类似于综合模式的做法。

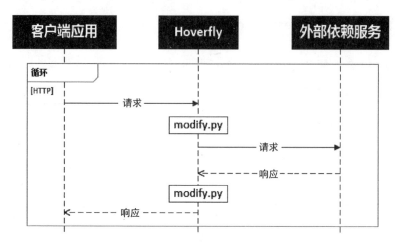

图 6.7 Hoverfly 的修饰模式

修饰模式允许我们在一定程度上干涉请求和响应，比如修改某个 API 的 Key 值，以便通过第三方授权。

差异模式（Diff Mode）

如图 6.8 所示，差异模式有点类似于流量比对，Hoverfly 会将请求的真实响应与录制的内容进行比对，若两者内容不同，将会输出一个差异报告，详细列举有差异的字段和内容。

差异模式的应用场景也比较典型，在一些服务重构的工作中，服务的语言或架构会发生变化，但对外接口仍保持一致，这时就可以使用差异模式进行比对，以识别潜在的缺陷。

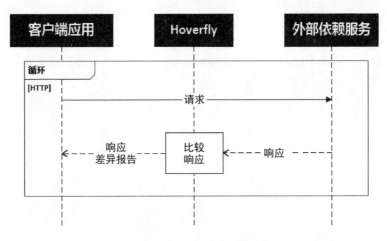

图 6.8 Hoverfly 的差异模式

6.1.3 Hoverfly 对有状态请求的支持

Hoverfly 通过录制回放及丰富的模式支持解决了构造模拟数据成本高这个大问题，接下来我们继续探究服务虚拟化的另一大考验——对有状态服务的支持。

传统 Mock 技术模拟响应的形式大多是静态的，同样的请求会得到同样的响应结果，这种情况其实无可厚非。对 Mock 来说，对象是第一公民，只要保证单次调用的虚拟对象构建有效即可。而服务虚拟化技术的"第一虚拟公民"是服务，因此必须顾及服务的各种状态。

在简单场景下，Hoverfly 的捕获模式支持对有状态请求的录制，我们可以简单地尝试一下，通过以下命令在捕获模式下激活状态化录制功能。

```
hoverctl start
hoverctl mode capture --stateful
```

这时，如果 Hoverfly 遇到完全相同的请求则不再只记录一次，而是按

顺序将响应全部记录下来。同样地，在仿真模式下，每次回放的请求也将
按顺序命中这些响应并返回，直到遍历完所有的记录，运行结果如下：

```
{
    "time": "05:59:21 PM",
    "milliseconds_since_epoch": 1628416761000,
    "date": "08-08-2021"
}
{
    "time": "05:59:23 PM",
    "milliseconds_since_epoch": 1628416763000,
    "date": "08-08-2021"
}
```

对于复杂场景下的有状态请求支持，除了上面讲到的合成模式和捕获
模式，Hoverfly 还提供了另一种简洁的解决方案，通过内置 Map 存储所有
的状态，并通过请求匹配的方式定义请求在特定状态下的行为，以及哪些
请求会变更状态。

在 Hoverfly 官网上有一个例子，如下述代码所示。首先，在 request 部
分定义了一个严格的匹配模式，匹配路径为 "/pay"；接下来，在 response
部分构造了返回体，其中有两个特殊字段，在请求被匹配到时，
transitionsState 表示哪些状态是需要变换的，removesState 表示哪些状态是
需要删除的。

```
"request": {
    "path": [
        {
            "matcher": "exact",
```

```
            "value": "/pay"
        }
    ]
},
"response": {
    "status": 200,
    "body": "eggs and large bacon",
    "transitionsState" : {
        "payment-flow" : "complete",
    },
    "removesState" : [
        "basket"
    ]
}
```

我们按顺序访问 "/pay" 接口三次，观察 Hoverfly 内置的状态变化情况，如表 6.1 所示。

表 6.1　Hoverfly 内置的状态变化

Hoverfly 记录的当前状态	变更后的新状态	原因
payment-flow=pending basket=full	payment-flow=complete	payment-flow 状态变化（修改），basket 状态被删除
basket=full	payment-flow=complete	payment-flow 状态变化（新增），basket 状态被删除
	payment-flow=complete	payment-flow 状态变化（新增），basket 状态本来就不存在

通过这种方式，我们可以自定义状态变换的字段，当其他接口用到这些状态时，同样可以通过配置的方式，匹配不同的状态并返回指定的响应

内容。这样可以更灵活地满足对有状态的服务虚拟化的支持。

6.2 变异测试

在上一章中，我们谈到了精准测试的方法，它能够帮助我们更高效地解决代码覆盖率的问题。不过，细心的读者也许会留意到，代码覆盖率即便达到100%，也无法确保软件系统的功能肯定没有问题。换句话说，测试用例的高覆盖率和测试用例的有效性是不能画等号的。

例如有以下方法：

```
def calculate(a, b, c) :
    return (a / (b - c))
```

我们针对这个方法编写如下的测试用例，显然，这些用例覆盖了所有的代码分支，但它无法完整地检测出方法存在的缺陷，比如除数为 0 的情况（b - c = 0）。

```
def test_calculate(self):
    self.assertEqual(calculate(1,2,3) , -1)
    self.assertEqual(calculate(2,3,1) , 1)
    self.assertEqual(calculate(0,2,3) , 0)
```

测试用例的有效性对质量保障工作的影响是显而易见的，当我们编写大量的测试用例时，即使代码覆盖率接近100%，也会有很多不能发现的问题，还是会造成漏测的情况，因此，下面我们介绍一种解决测试用例有效性度量的方式——"变异测试"（Mutation Test）。

6.2.1　变异测试的概念

变异测试不是一个新概念，早在 1971 年，一名卡内基梅隆大学的学生 Richard Lipton 在他的 Student Paper（学生论文）*Fault Diagnosis of Computer Programs* 里就提到了这一理念，并进行了一定的实践。此后的数十年间，围绕着变异测试的学术研究始终没有停止过，在 IEEE 上进行精确搜索，有多达 3700 余篇相关的学术论文。

虽然变异测试的研究活跃于学术圈，但在工程界却由于种种障碍始终没有流行起来，直到近几年，阿里等大厂的一些实践才将变异测试重新拉回到我们的视线中。

变异测试是一种基于错误的软件测试技术，通过对源代码进行细微的"突变"，观察测试用例能否察觉到这些"突变"，以此来判断测试用例的有效性。

举个例子，有如下源代码：

```
if(a && b) c = 1;
    else c = 0;
```

我们将逻辑运算符**&&**修改为**||**，就是一种突变，代码如下。

```
if(a || b) c = 1;
    else c = 0;
```

6.2.2　两个基本假设和六大定义

变异测试基于两个非常重要的基本假设：胜任的程序员假设（Competent Programmer Hypothesis，CPH）和组合效应假设（Coupling Effect

Hypothesis，CEH）。

胜任的程序员假设是指胜任的程序员开发的程序"接近"正确版本。也就是说，程序员是以编写正确的程序为目的，且程序基本接近正确。

组合效应假设是指复杂缺陷由简单的缺陷组合而成，所有看似复杂的缺陷都可以分解为若干简单的缺陷。这个假设在很多文献中均有证明。

接下来，我们再来看一下变异测试的六大定义。

- 变异算子：指在不违反编程语言的语法规定的前提下，通过对源程序进行微小的改动来生成目标变异体的转换规则。早在 1987 年，针对 Fortran 77 语言就有学者定义了多达 22 种变异算子。在当今我们所处的互联网时代，面向对象编程盛行，下面列举一小部分适合面向对象语言的变异算子。

  ○ AOD - arithmetic operator deletion（删除算术运算符）。

  ○ AOR - arithmetic operator replacement（替换算术运算符）。

  ○ ASR - assignment operator replacement（替换赋值运算符）。

  ○ BCR - break continue replacement（交换 break 和 continue 语句）。

  ○ COD - conditional operator deletion（删除条件运算符）。

  ○ COI - conditional operator insertion（插入条件运算符）。

  ○ CRP - constant replacement（替换常量）。

  ○ DDL - decorator deletion（替换修饰符）。

  ○ EHD - exception handler deletion（删除异常处理）。

- 一阶变异体：指在源程序上通过单个变异算子转换形成的目标变异体。

- 高阶变异体：指在源程序上通过执行多次变异算子，反复转换形成的目标变异体。

如下面的案例所示，每一项变异体，都是它上一项变异体的一阶变异体，而跨越多项的变异体，就属于高阶变异体。例如，B 是 A 的一阶变异体，C 是 B 的一阶变异体，而 D 是 A 的高阶变异体。

```
【A】z = x + y;
【B】z = x - y;
【C】z = x - y + 1;
【D】z = 3x - y + 1;
```

- 可杀除变异体：如果测试用例在源程序和变异体上的执行结果不一致，则该变异体针对该测试用例为可杀除变异体。

- 可存活变异体：与"可杀除变异体"相反，如果所有的测试用例在这个变异体上的执行结果都一致，那么这个变异体就是可存活变异体。

- 等价变异体：指源程序和变异体之间语法不同但语义完全相同。例如以下两段程序代码，就是等价变异体。

```
for(int i = 0; i < 3; i++) {

    print(i);

}

for(int i = 0; i != 3; i++) {

    print(i);

}
```

6.2.3 变异测试步骤

在熟悉了变异测试的基本概念以后，我们进入实施阶段，变异测试的过程相对简单，一共只有三个步骤：

第一步，对源程序进行合乎语法的微小改动（变异算子），生成副本（变异体）。

第二步，使用相同的测试用例集，分别测试源程序和变异体，若执行结果不同，则称该变异体被杀死。

第三步，计算变异得分，得出结果。

为了提升变异的效率，在这三个步骤中，我们还需要加入识别等价变异体的步骤。识别等价变异体是一个 NP-Hard 问题，目前在学术上各个方向的研究都有。在工程上，我们可以通过抽样的方式降低变异体的数量，减少等价变异体出现的概率。

执行完变异测试后，如果最终存在可存活变异体，则说明我们的测试用例中有无效用例，或缺失有效用例，这时需要改进已有用例，或补充新的用例。

6.2.4 变异测试实战

知晓了理论后，下面我们来看一下如何在实践中应用变异测试，这里主要介绍 PITest 的使用。与一些停留在学术上的变异测试工具不同，PITest 更偏向工程化，我们可以直接将其集成到软件项目中使用，成本非常低廉。

下面来看一个实例，假设我们有如下的目标方法：

```
public class MyServiceValidator {

    boolean isValid(int input) {

        return input > 0 && input <= 100;

    }

}
```

针对这个方法，我们编写了如下单元测试用例。很明显，这些单元测试用例中都没有设置断言，尽管它们可以达到 100% 的代码覆盖率，但没有任何意义。

```
public class MyServiceValidatorTest {

    @InjectMocks

    private MyServiceValidator myServiceValidator;


    @Before

    public void init() {

        MockitoAnnotations.initMocks(this);

    }


    @Test

    public void fiftyReturnsTrue() {

        myServiceValidator.isValid(50);

    }


    @Test

    public void twoHundredReturnsFalse() {

        myServiceValidator.isValid(200);

    }
```

```
@Test

public void minus10ReturnsTrue() {

    myServiceValidator.isValid(-10);

}


@Test

public void hundredReturnsTrue() {

    myServiceValidator.isValid(100);

}


@Test

public void zeroReturnsFalse() {

    myServiceValidator.isValid(0);

}

}
```

下面，我们看一下 PITest 是如何判断这些用例的有效性的。我们在项目的 pom.xml 文件中加入 PITest 插件依赖，然后执行 mvn clean install 命令，就能调用 PITest 完成变异测试的工作了。如图 6.9 所示，可以很清晰地看到，尽管这些单元测试用例达到了 100%的行覆盖率，但是变异覆盖率为 0%，说明这些测试用例都是无效的。

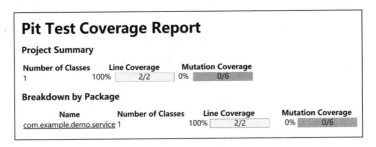

图 6.9　PITest 通过变异测试检测出无效测试用例

此外，PITest 也给出了它所采用的变异算子，如图 6.10 所示。

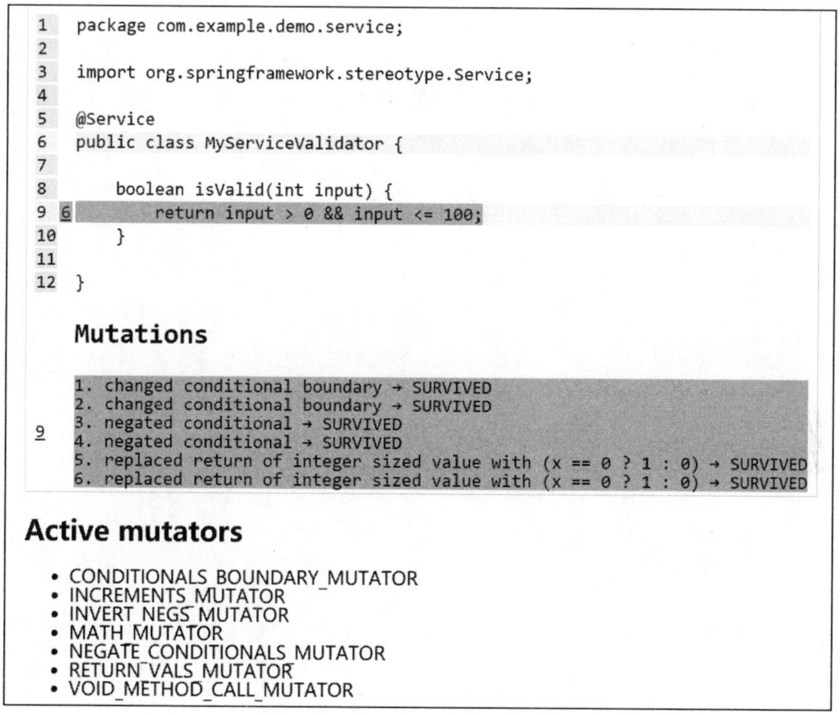

```
1    package com.example.demo.service;
2
3    import org.springframework.stereotype.Service;
4
5    @Service
6    public class MyServiceValidator {
7
8        boolean isValid(int input) {
9 6          return input > 0 && input <= 100;
10       }
11
12   }
```

Mutations

```
    1. changed conditional boundary → SURVIVED
    2. changed conditional boundary → SURVIVED
9   3. negated conditional → SURVIVED
    4. negated conditional → SURVIVED
    5. replaced return of integer sized value with (x == 0 ? 1 : 0) → SURVIVED
    6. replaced return of integer sized value with (x == 0 ? 1 : 0) → SURVIVED
```

Active mutators

- CONDITIONALS_BOUNDARY_MUTATOR
- INCREMENTS_MUTATOR
- INVERT_NEGS_MUTATOR
- MATH_MUTATOR
- NEGATE_CONDITIONALS_MUTATOR
- RETURN_VALS_MUTATOR
- VOID_METHOD_CALL_MUTATOR

图 6.10　PITest 采用的变异算子

接下来，我们把断言都补充完整，再通过执行 PITest 看一下结果。

```
public class MyServiceValidatorTest {


    @InjectMocks

    private MyServiceValidator myServiceValidator;


    @Before

    public void init() {

        MockitoAnnotations.initMocks(this);
```

```
    }

    @Test
    public void fiftyReturnsTrue() {
        myServiceValidator.isValid(50);
        assertThat(myServiceValidator.isValid(50)).isTrue();
    }

    @Test
    public void twoHundredReturnsFalse() {
        myServiceValidator.isValid(200);
        assertThat(myServiceValidator.isValid(200)).isFalse();
    }

    @Test
    public void minus10ReturnsTrue() {
        myServiceValidator.isValid(-10);
        assertThat(myServiceValidator.isValid(-10)).isFalse();
    }

    @Test
    public void hundredReturnsTrue() {
        myServiceValidator.isValid(100);
        assertThat(myServiceValidator.isValid(100)).isTrue();
    }

    @Test
```

```
public void zeroReturnsFalse() {

    myServiceValidator.isValid(0);

    assertThat(myServiceValidator.isValid(0)).isFalse();

    }

}
```

再次通过 PITest 执行变异测试，如图 6.11 所示，我们的变异覆盖率达到了 100%，说明这些测试用例都是有效的。

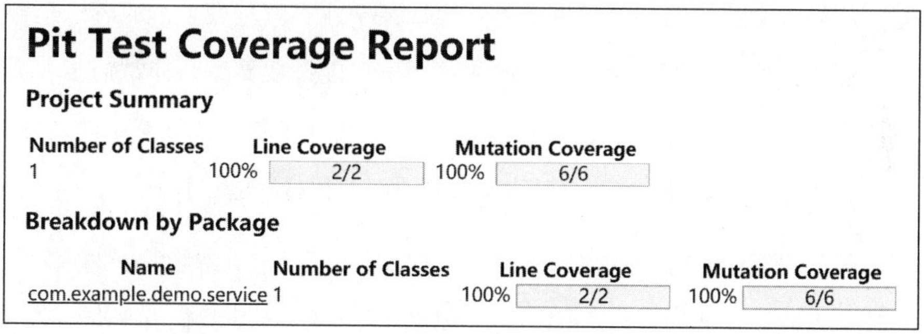

Pit Test Coverage Report

Project Summary

Number of Classes	Line Coverage		Mutation Coverage	
1	100%	2/2	100%	6/6

Breakdown by Package

Name	Number of Classes	Line Coverage		Mutation Coverage	
com.example.demo.service	1	100%	2/2	100%	6/6

图 6.11　PITest 判定测试用例有效

PITest 为我们提供了强大的变异测试武器，以较低的成本实现测试用例有效性的度量。当然，PITest 是基于 Java 语言的，如果读者有 Python 语言的需求，可以尝试一下 MutPy，MutPy 也是一个强大的变异测试工具，是基于 Python 实现的。

6.3　高效 API 自动化测试的分层设计

API 测试又称为接口测试，它通过调用接口获得响应，并判断响应内容和状态是否正确，以此来验证服务功能是否正常。API 测试成本比 GUI 测试成本低，相比单元测试又更直观，因此成为很多公司做自动化测试的起点。

不过，如果只是简单地堆砌 API 自动化测试用例，那么随着用例规模的扩大，大量问题就会随之而来。首先，可复用性差，每当有一个新的场景或功能，我们就需要重新编写至少一套完整的 API 测试用例，随着公司业务的发展和服务的增加，人力成本很快也将大幅增加。其次，可维护性差，如果一个通用的细节发生变更，比如某个业务流程变了，或者一个接口的返回体变了，那么所有涉及的测试用例可能都要修改，非常痛苦。另外，可插入性差，用例写完之后更像是一个硬编码的结果，没有组件之分，没有层次之分，如果遇到接口重构，那么所有用例只能重写。

因此，要让 API 自动化测试能够"细水长流"，走可持续发展的道路，应该考虑分层封装的思路，将用例更好地管理起来。下面我们就来介绍 API 自动化测试的分层设计实践。

6.3.1　原始状态

当测试脚本没有进行分层设计的时候，只能算是一个"一贯式"的脚本。以一个购物车结算的场景为例，大致流程是这样的（默认已经在登录状态下）：

```
# 1. 参数构造
product_detail_params = {
    "device_id": "3865fff184f6035b7a2a5f6bf7ce8ee6",
    "latitude": "31.332691",
    "station_id": "5f68679e4ab3f0d15e8b4567",
    "ip": "10.193.232.28",
```

```
    "os_version": "10",

    ...

}


cart_add_params = {...}

user_address_params = {...}

add_new_order_params = {...}


product_detail_params['time'] = int(time.time())

product_detail_params['city_number'] = config.city_number


cart_add_params ...

cart_index_params ...

user_address_params ...

add_new_order_params ...


# 2. 发起请求，获取响应


# 获取商品详情，提取商品价格

product_detail_res = api.getUrl("/api /address/").post.params
(product_detail_params)

product_price =
product_detail_res['data']['detail']['price']


# 商品添加至购物车，提取 cart_id

cart_add_res = api.getUrl("/cart/add").post.params(cart_
add_params)

cart_id = cart_add_res['data']['cart_data'][0]['id']
```

```
# 结果校验(断言)
assert product_detail_res['code'] == 0
assert add_new_order_res['msg'] is "订单支付已成功"
```

按照上面代码的写法,对于单个脚本的调试没有任何问题,但是当用例的数量和复杂度积累到一定程度时,其维护成本巨大,不具备可维护性,主要体现在以下几点:

- 可读性差:所有的处理放在一起,代码量大,不简洁。

- 灵活性差:参数写死在脚本里,适用范围小。

- 复用性差:如果其他用例需要复用相同或类似的步骤,则需要重新编写代码。

- 维护性差:如果接口有改动,那么所有涉及此接口的脚本都要逐一修改。

例如,随着用例场景的增加,可能出现如图 6.12 所示的情况。

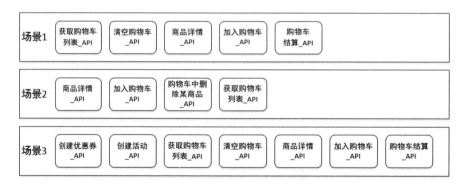

图 6.12 每个场景对应一个测试脚本的"一贯式"做法

按照现有模式，我们需要 3 个脚本文件来分别描述 3 个场景，并且"商品详情_API""加入购物车_API""获取购物车列表_API"在三个场景中均有出现。由此我们可以预见到，当成百上千的用例场景出现后，这种形式是没有维护性可言的。

6.3.2　API 定义层

我们依照痛点，基于原始状态对用例进行分层改造。首先，将 API 的定义单独抽离、单独定义，期望效果如图 6.13 所示。

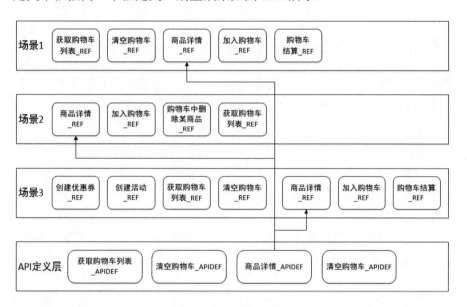

图 6.13　增加 API 定义层

将 API 定义单独抽离供用例场景引用，当接口本身有任何修改时，我们只需修改 API 定义层即可。下面的代码是 API 定义层的脚本实现案例。

```
# api_definition.py
```

```
    def product_detail(product_detail_params):

        return api.getUrl("/api /address/").post.params(product_
detail_params)


    def cart_add(cart_add_params):

        return api.getUrl("/cart/add").post.params(cart_add_params)
```

6.3.3　Service 层

上面我们已经解决了 API 重复定义的问题，继续分析会发现有一个问题依然没有解决，即场景的复用性问题。

再回顾一下图 6.13，3 个场景中都有重复的步骤，例如商品详情、加入购物车和购物车结算，每个步骤都会对应一个 API，各步骤之间还会有数据的处理与传递，十分复杂。为了解决这些问题，我们需要对场景也进行抽离，形成 Service 层。

该层用来提供测试用例所需要的各种"服务"，如参数构建、接口请求、数据处理、测试步骤等，期望效果如图 6.14 所示。

我们希望将常用的测试步骤组合封装至 Service 层中，供用例场景调用，以增加复用性。

但这里仍有一个问题，Service 层的东西太多太杂，有些场景（scenario）的步骤可能只适用于当前的用例，在实际调用过程中，各个系统之间是相互依赖的，下游接口的入参依赖于上游接口作为前置条件。

如果 Service 层没有适用的场景步骤供调用，那么我们就需要根据自己的场景需求进行封装，可是很多单接口的前置数据处理是一致的，如果重新封装，则需要定义入参、给关键字赋值，复杂度高且不符合用例分层复用的原则，因此我们对 Service 层再细分为 3 层：api_object、case_service、util。

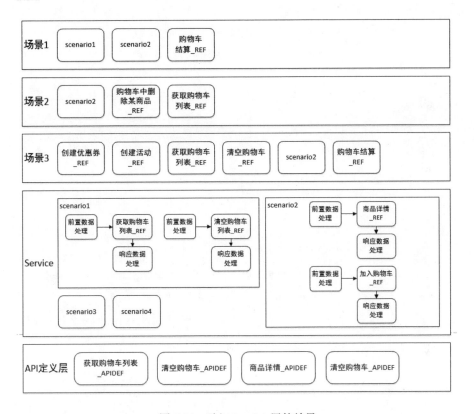

图 6.14 引入 Service 层的效果

api_object

单接口的预处理层，这一层的主要作用是单接口入参的构造、接口的请求与响应值返回。每个接口请求不依赖于业务步骤。其中，一些简单固定的入参构造处理，如随机的商品名和时间戳等，与具体的业务流程无关，对所有调用此接口的场景均适用。以下代码展示了 api_object 的实现案例。

```python
# api_object.py


class ApiObject:
    def cart_index(self, cart_index_params):
        input_params = ApiParamsBuild().cart_index_params_build(cart_index_params)
        repsonse = ApiDefinition().cart_index_request(input_params)
        return repsonse

    def cart_add(self, cart_add_params):
        ...


class ApiParamsBuild:
    def cart_index_params_build(self, cart_index_params):
        cart_index_params['city_number'] = '0102'
        cart_index_params['station_id'] = config.station_id
        return cart_index_params

    def cart_add_params_build(self, cart_add_params):
        ...
```

case_service

多接口的预处理层，这一层主要是测试步骤（teststep）或场景的有序集合。我们将用例所涉及的步骤对应每一个接口请求组合成多个场景，各场景之间可以相互调用组成新的场景，以适应不同的测试用例需求。

场景封装好以后，可以供不同的测试用例调用，除当前项目外，其他业务线也可以从中选择调用，这样在提高复用性的同时，也避免了相互依赖的问题。以下代码展示了 case_service 的实现案例。

```python
# case_service/cart_service.py


class CartService:
    """购物车模块"""

    def cart_add(self, params):
        """
        购物车添加商品
        :param params:
        :return:
        """
        # 1. 根据商品 id 获取商品详情
        product_detail_res = ProductApiObject().product_detail(product_detail_params)

        # 2. 将商品添加至购物车
        cart_add_res = CartApiObject().cart_add(cart_add_params)

        # 3. 购物车列表
        cart_index_res = CartApiObject().cart_index(cart_index_params)

        # 4. 获取用户收货地址
        get_user_address_res = CommonApiObject().get_user_address(get_user_address_params)
```

```
        # 5. 获取预定送货时间
        order_getReserveTime_res =
OrderApiObject().get_reserve_time(get_reserve_time_params)
        assert order_getReserveTime_res["code"] == 0


        return product_detail_res, cart_add_res,
cart_index_res, get_user_address_res, order_getReserveTime_res


    def cart_clear(self):
        """

        购物车清空

        :return:
        """

        # 1. 获取购物车商品列表
        cart_index_res = CartApiObject().cart_index(cart_
index_params)
        cart_index_code = cart_index_res['code']


        # 2. 清空购物车商品
        clear_cart_res = CartApiObject().clear_cart(clear_
cart_params)
        clear_cart_code = clear_cart_res['code']


        return cart_index_res, clear_cart_res
        ...
```

util

这一层主要放置一些工具方法，例如接口响应的处理、数据格式和字段名称的修改、接口内容的加密\解密处理等。

细化分层后，各层的职责更加清晰、明确，具体如图 6.15 所示。

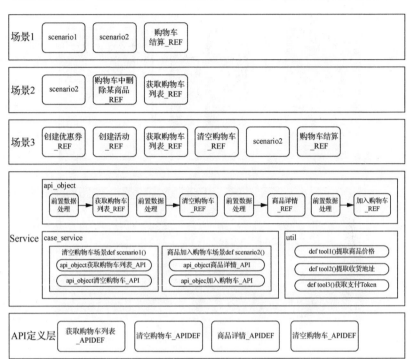

图 6.15　拆分 Service 层的效果

6.3.4　TestCase 层

我们的目标是写出一个清晰明了、"一劳永逸"的自动化测试脚本，前置条件可以复用，入参可以任意修改（在业务逻辑固定不变的情况下）。

这一层对应 HttpRunner 中的 TestSuite——测试用例的无序集合，我们要保证各个用例之间相互独立、互不干扰、不存在依赖关系，每个用例都可以独立运行，如图 6.16 所示。

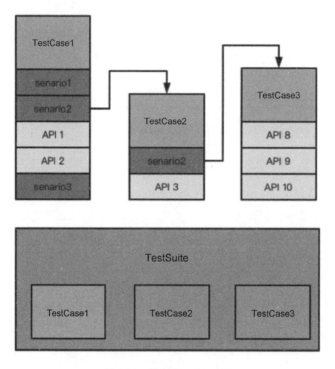

图 6.16　增加 TestCase 层

以下代码展示了 TestCase 的实现案例。

```
# 1. 参数构造
product_detail_params = {
    "device_id": "3865fff184f6035b7a2a5f6bf7ce8ee6",
    "latitude": "31.332691",
    "station_id": "5f68679e4ab3f0d15e8b4567",
    "ip": "10.193.232.28",
    "os_version": "10",
    ...
}


cart_add_params = {...}
```

```
cart_index_params = {...}

user_address_params = {...}

add_new_order_params = {...}


# 2. 发起请求，获取响应

clear_cart_res = CaseService().clear_cart(cart_index_params,
clear_cart_params ...)


# 3. 结果校验(断言)

assert product_detail_res['code'] == 0

assert add_new_order_res['msg'] is "订单支付已成功"
```

可以看到，此时涉及用例场景步骤的代码已经非常少，并且完全独立，与框架和其他用例等均无耦合。

下面，我们来解决测试数据管理的问题，需要对测试数据进行参数化和数据驱动的处理。

6.3.5　测试数据层

测试数据层用来管理测试数据，作为参数化场景的数据驱动。

所谓参数化，简单地说，就是将入参利用变量的形式传入，不要将参数写死，以增加灵活性。这就像搜索商品的接口，用不同的关键字和搜索范围作为入参，就会得到不同的搜索结果。数据驱动是指对于参数，我们可以将其放入一个文件中，然后从中读取参数传入接口即可。常见的可以用作数据驱动的文件格式有 JSON、CSV、YAML 等。

下面的代码展示了以 YAML 文件格式存储参数并驱动测试的示例。

```
# 1. 参数构造

@parametrize(params=read_yaml("test_data.yaml"))


# 2. 发起请求，获取响应

clear_cart_res = CaseService().clear_cart(cart_index_params,
clear_cart_params ...)


# 结果校验(断言)

assert product_detail_res['code'] == 0

assert add_new_order_res['msg'] is "订单支付已成功"
```

分层完成后的 API 自动化测试目录结构如图 6.17 所示。

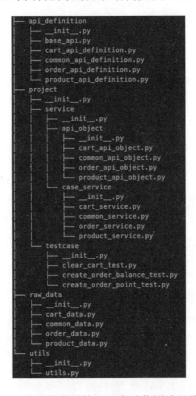

图 6.17　分层完成后的 API 自动化测试目录结构

6.4　高效 GUI 自动化测试的分层设计

与接口自动化测试类似，GUI 自动化测试也有提效的诉求，也需要进行分层设计。此外，由于 GUI 自动化测试的实现成本相对较高，因此分层的优劣会直接影响维护的成本。

下面，我们来看一下 GUI 测试用例分层和复用的基本思路。图 6.18 是我们非常熟悉的百度首页，我们可以将这个页面视为一个对象，其中所涉及的元素，如某个链接、某个按钮、某段文字等都可以视为这个对象的成员，这样就构成了 Page Object 的概念。

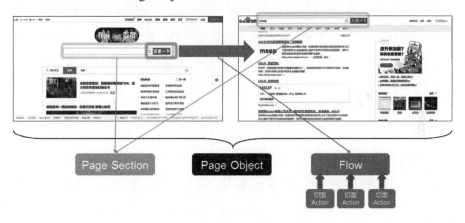

图 6.18　GUI 自动化测试分层的基本思路

同时，我们也观察到，这个页面中最核心的控件就是页面中间的这个搜索组件，包含一个输入框和一个搜索按钮。在输入框中输入关键词后，单击"百度一下"按钮，就会进入搜索结果页面。值得注意的是，在搜索结果页面的上部，我们又看到了一个熟悉的组件——和百度首页一模一样的搜索组件，诸如这样的组件或片段，我们就可以将其视为页面片段 Page Section，这是比 Page Object 粒度更小的复用单元。

另外，上面我们描述的搜索流程，其本质是一个跨页面跳转的操作流，这个操作流本身也是可以复用的，我们称之为 Flow，可以通过切面的方式对 Flow 本身进行增强。

下面，我们对这几类分层的元素逐一进行讲解。

6.4.1　Page Object

Page Object（页面复用）是 GUI 自动化测试中最常用、最重要的一个分层复用理念。通俗点讲，Page Object 就是把每个页面当成一个对象，每个页面对应一个类，包含页面元素（就是这个类的成员变量），以及业务操作（就是这个类的方法），测试脚本可以与页面对象中的内容解耦，页面对象本身就是可复用的。

Page Object 的好处是显而易见的，它集中管理元素，便于应对元素的变化，同时又集中管理页面内的一些公共方法，便于后期维护。我们继续以百度首页为例，整个页面就是一个类，每个页面都会有一个 URL，在页面对象中一般会以一个静态的常量作为标识；页面中的元素对应这个类的成员变量，可以使用 Selenium 提供的 FindBy 注解进行定位；而页面内的业务操作，对应的就是类中的普通方法。此外，加上必要的 WebDriver 驱动，我们就抽象出一个完整的百度首页的 Page Object。具体实现代码如下。

```
public class DemoPage {
    public static final String URL = "https://www.baidu.com";
```

```
//URL

    private WebDriver driver;

    ...

    @FindBy(id = "kw")
    public WebElement searchField; //Element


    @FindBy(id = "su")
    public WebElement searchButton; //Element


    public void search(String content) { //Page Method
        searchField.sendKeys(content);
        searchButton.click();
    }
}
```

6.4.2　Page Section

Page Section（页面片段复用），是百度页面上的搜索组件，在首页和搜索结果页都有，这个组件可视为一个可复用的页面片段。

Page Section 本身可以是一个独立的类，编写方式除不需要 URL 外，与 Page Object 是类似的，这也比较符合我们逻辑上的认知，因为页面片段也可以想象成一个大页面中的子页面，也会有元素和方法。在页面对象中，我们新建一个 Page Section 的实例，就可以达到复用的效果了。未来如果这个 Page Section 中的元素发生变化，那么我们只需要修改 Page Section 本身，依赖它的 Page Object 不需要做任何修改。

6.4.3 Flow

在我们为每个页面编写好 Page Object 类及可能有的 Page Section 之后，组成一个 Flow（操作流复用）就成为很简单的工作。我们只需要在一个普通类中定义一个方法，方法中创建相应的 Page Object，并调用相应的方法或元素，跳转至另外的 Page Object，再做相应的操作，就可以达成一个 Flow 的效果了。

需要注意的是，我们这里谈到的 Flow 和 Page Object 中的公共方法是两个概念，前者是跨页面的操作流，而后者是同一个页面中的各种操作，这是需要区别的。Flow 的复用粒度较大，一般在具体的端到端测试用例中会比较常用。下面的代码是 Flow 的应用案例。

```
public class DemoFlow {
    public static void doSthCrossPage() {
        PageA a = new PageA();
        a.doSth();
        //跳转至 PageB
        PageB b = new PageB();
        b.doSth();
        //添加断言
    }
}
```

6.4.4 Action

Action 作为一系列切面，可以通过在用例运行时织入更多的代码和验证逻辑来增强 Flow 的行为。比如，我们前面定义了一个搜索的 Flow，如果读者希望在输入关键词后，在单击"百度一下"按钮前，新增一个校验点，即刷新一下页面下部的实时新闻，观察会不会对搜索动作产生影响，那么这个校验点就可以作为一个 Action 织入搜索的 Flow 中。

从代码角度看，Action 本身只需要编写注入的行为代码，我们在 Flow 中定义好注入的位置，然后在具体的测试用例中，将 Action 实例传入 Flow 的方法中即可。

当然，要实现整个 Action 的功能，还是需要有一些底层代码支撑的，读者可以参考 Spring AOP 的实现方式，这里不再赘述。下面的代码展示了 Action 在具体测试用例中的应用。

```java
//一个具体的 Action
public class DemoAction extends Action {
    public static void doSth() {
        //Do something
    }
}
//将 Action 织入 Flow 中
public class DemoFlow {
    public static void search(String content, Action action) {
        DemoPage demoPage = new DemoPage();
        demoPage.search(content);
        action.invoke(); //切面
        //跳转至 PageB
        PageB b = new PageB();
        b.doSth();
```

```
        //添加断言
    }
}
//在用例中使用Action
public class DemoCase {
    public static void run() {
        DemoAction action = new DemoAction();
        DemoFlow flow = new DemoFlow();
        flow.search("test", action);
    }
}
```

6.5　AI 在研发效能提升中的应用

我们身处在一个 AI（人工智能）技术广泛应用的时代，AI 已经实质性地改变了我们的生活。通过机器取代人类的工作，继而推动效率的提升，始终是 AI 的重要发展目标。

早期的 AI 技术由于门槛高、应用范围窄，在研发效能领域应用得不多。但是，随着 AI 技术的蓬勃发展，近几年，在研发效能提升这个工程领域，AI 有了越来越多的用武之地。本节为读者选择两个较为典型的应用场景，分别展开讲解 AI 在测试报告分析中的应用，以及使用 aiXcoder 开发代码的效率提升。

6.5.1　AI 在测试结果分析中的应用

测试结果分析是令很多测试人员颇为头疼的工作，尤其是在测试环境不稳定、测试数据管理混乱的情况下更是如此。比如，当执行 1000 个测试用例时，如果有 100 个用例失败，则很可能其中有 99 个都是环境问题导致的，只有 1 个用例失败是由缺陷引发的，这说明分析工作的投入产出比很低。

当然，要彻底解决这一问题，需要对测试环境进行治理，并保证测试用例自身的健壮性。如果这个现状暂时难以改变，那么有没有其他方式能够降低测试结果分析的成本呢？AI 就可以帮我们完成这项工作。

例如，我们有一个完整的测试报告，如图 6.19 所示，要通过 AI 对其进行分析，其实这和人类进行分析的原理是类似的。我们根据之前分析过的众多类似的测试报告所累积的经验，在这份测试报告中提取出一些关键信息，来判断测试结果的类型。

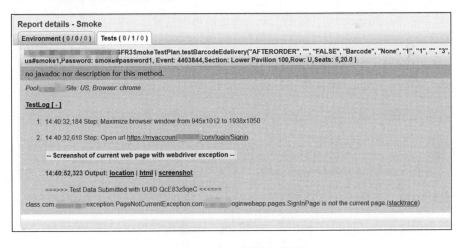

图 6.19　一个完整的测试报告

在这份测试报告中，我们提炼了以下信息，会对测试报告分析有帮助。

- 用例名和方法名。

- 最后 5 个步骤。

- 异常名。

- 异常信息。

- Stack trace。

- 截图。

- 接口信息。

- 报错信息。

提取出这些信息后，我们就可以将其作为特征集输入 AI 模型去训练了，训练的样本是需要事先标记好的。比如，我们可以准备 100 个不同的测试报告，分别通过人工识别结果的类型（环境问题、数据问题、缺陷等），并交由模型去训练。然后，就可以利用这个模型去预测新的测试报告的结果了。

上述这种先训练模型、再输出结果的方式，我们称之为"监督学习算法"，诸如 KNN、决策树、朴素贝叶斯、神经网络等都是监督学习算法，具体使用哪些算法可以视情况而定。笔者当时使用 KNN 算法，一方面是因为我们的场景比较简单，由于测试报告中除截图外，全部都是文字信息，且这些文字信息大多是标准化的，所以可以直接通过字符串比对的方式去匹配特征，不需要太复杂的计算过程；另一方面是因为，KNN 算法可以根据特征之间的"距离"输出总体相似度，这个相似度可以作为我们判断结果可信与否的指标，比较直观。图 6.20 展示了通过 KNN 算法分析出的结果实例。

图 6.20　KNN 算法分析测试报告结果实例

除此之外，我们发现有的结论是可以直接通过测试报告中的关键字（比如一些指向明确的响应内容）得出的。针对这些关键字，我们可以设置一些预置规则（Hard Rule），命中规则就直接返回结果，不需要再套用模型。总体流程如图 6.21 所示。

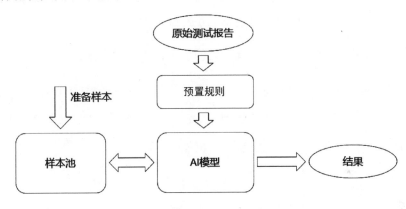

图 6.21　测试报告分析的流程

6.5.2　使用 aiXcoder 开发代码的效率提升

对于研发效能的提升，除工具平台和流程优化外，个体的研发效率也是一个不容忽视的地方。一个软件产品的研发工作是由无数个体的工具汇聚成的，个体效率的提升直接决定了整体研发效能的优劣。

我们都知道，代码是研发工作中最重要的产出物，编码工作其实就是在生产代码，因此提升编码的效率就成为首要考虑的一项工作。下面我们介绍一个强大的智能编程工具——aiXcoder，来看一看它是如何帮助程序员提升编程效率的。

aiXcoder 是一个应用人工智能技术帮助程序员提升代码编写效率的工具，它支持几乎所有主流的编程语言和 IDE，并提供了代码智能补全、代码智能搜索和代码智能学习等功能，功能详述如下：

- 代码智能补全：运用深度学习技术预测用户的代码习惯，使用海量开源代码训练，支持不同细分领域。

- 代码智能搜索：支持 GitHub 开源代码的搜索，无缝融合 IDE，同样使用深度学习引擎，自动筛选优质代码入库。

- 代码智能学习：具备持续学习的能力，用得越多就越智能。

aiXcoder 的使用非常简单，以个人版为例，在 IntelliJ IDEA、Eclipse 和 VS Code 各自的市场中均能找到 aiXcoder 的插件。或者，读者可以直接到 aiXcoder 的官网下载本地安装包，也能快速地完成安装工作。

安装完毕后，等待 aiXcoder 初始化完成，就可以体验其功能了。我们先来尝试一下代码智能补全的功能，图 6.22 以 Spring Boot 项目为例，试图编写 Application 入口类的智能代码提示情况。可见，补全是非常到位的，补全后的代码基本可以直接使用。

那么，编写单元测试用例时能不能自动补全呢？我们也来尝试一下，如图 6.23 所示，同样得到了较为理想的结果，只需要人工补充一下参数就能使用了。

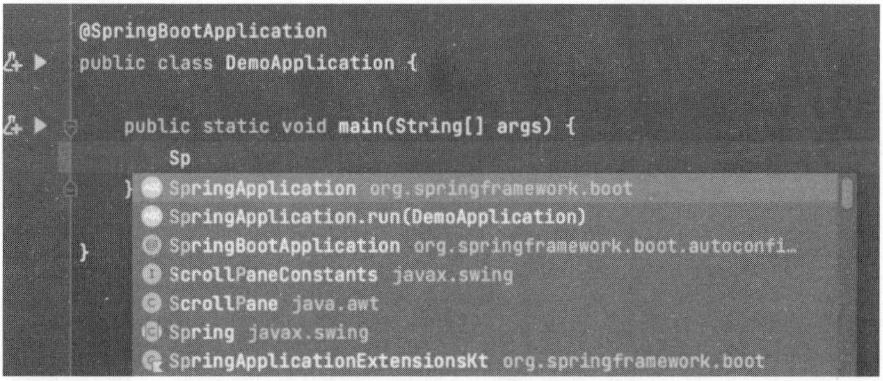

图 6.22　SpringBoot 项目的智能代码提示

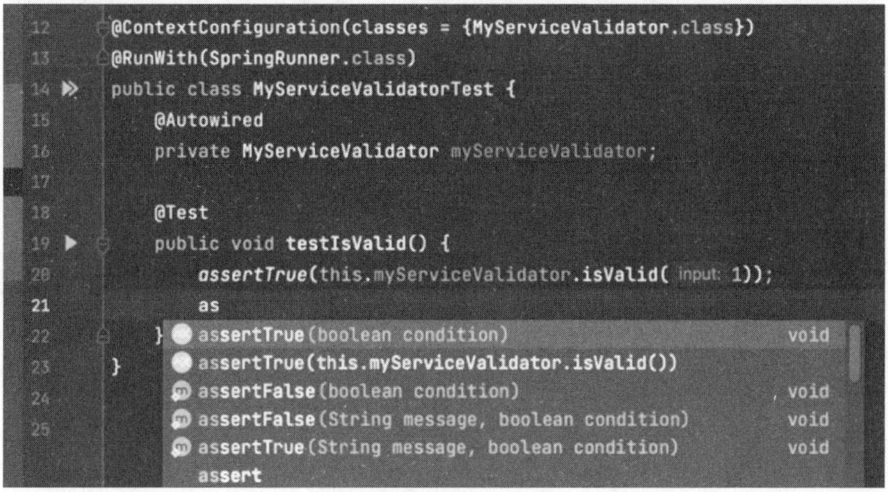

图 6.23　单元测试用例的智能代码提示

我们再来看一下智能代码搜索的功能，这个功能相信广大程序员都会很感兴趣，有时候我们在编写代码时，突然有一些基础用法记不清了，比如，输入输出流的用法、迭代器的遍历，等等。这时我们往往会搜索一下类似的代码，帮助自己回忆写法，但搜索引擎毕竟不是专门为代码检索服务的，有时搜索结果并不令人满意，aiXcoder 就能帮助我们解决这一问题。

如图 6.24 所示，在 aiXcoder 插件页面上打开代码搜索功能，会自动跳转到搜索页面，键入代码关键字，aiXcoder 就会展示出典型的代码段供参考。

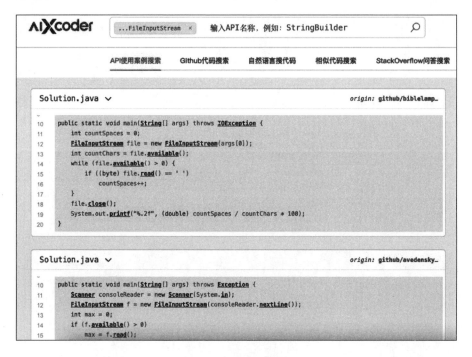

图 6.24　智能代码搜索

市面上还有一些类似于 aiXcoder 的工具，如 Kite 等，都在为提升编码效率和质量服务，是很好的个体效率提升手段。

6.6　单元测试用例的自动化生成

单元测试作为对软件最小可测试单元进行检查和验证的手段，能在第一时间发现缺陷，在软件质量保障中发挥着重要的作用。但与之相对的是，单元测试的覆盖率在很多公司都不高，甚至于有的公司没有单元测试，理由也是五花八门："业务需求太密集，没有时间写单元测试""代码变动大，单元测试的性价比不高""单元测试没有发现过什么问题，写它有用吗"，等等。

笔者曾经在一个业务部门推动单元测试覆盖率的提升，当时的上级非常支持，也有相应的组织机制来保障这项工作，但仍然还是会遇到诸如不写断言，或是直接调用其他环境的依赖服务这种"伪单元测试"的写法。

笔者认为，技术人员不愿意写单元测试的根本原因主要有两点：第一，单元测试的编写成本较高，尽管主流观点认为接口测试和 GUI 测试成本更高，但单元测试的成本确实也不低，写过单元测试的朋友一定会觉得去 mock 那些依赖非常麻烦。第二，单元测试的价值呈现不足，总是给人一种发现不了问题的感觉，以致大家都觉得单元测试没有用。

于是慢慢地，技术人员对写单元测试开始变得抵触，往往是对付着写，质量很差，这样就更发现不了问题，长此以往，逐渐形成恶性循环。

想要打破这个局面，关键是怎样以较低的成本编写出质量较高的单元测试用例，让单元测试的价值反馈能够正向循环起来。本节将介绍两个单元测试用例自动化生成工具，它们能够在一定程度上协助技术人员达成这个目标，提升单元测试的编写效率。

6.6.1　EvoSuite

EvoSuite 是一个相对老牌的 Java 单元测试用例自动化生成工具，得到了 Google 的大力支持，它还提供了命令行、Maven 插件、Eclipse 插件和 IntelliJ IDEA 插件等丰富的支持，方便用户使用。下面我们通过命令行详细讲解一下 EvoSuite 的使用方式，对它的强大之处一探究竟。

先来看一下我们准备编写单元测试的目标方法，如下面的代码所示。这个方法尽管简单，但是包括了基本的条件分支、多种运算符，以及判断语句。基于这个方法编写覆盖率高的单元测试用例，还是需要一定成本的。

```
package com.example.demo.service;

import org.springframework.stereotype.Service;


@Service
public class MyServiceValidator {

    boolean isValid(int input) {

        return input > 0 && input <= 100;

    }

}
```

下面我们开始使用 EvoSuite 自动化生成单元测试用例，EvoSuite 的命令行方式简单、易用，先从官网下载 evosuite.jar 文件，然后在命令行直接执行以下命令即可。

```
java -jar evosuite-1.1.0.jar -class com.example.demo.service.
MyServiceValidator -projectCP target/classes
```

其中，参数-class 代表生成单元测试用例的目标类，-projectCP 代表 classpath 路径。当然，还有更多可选参数，读者可以查阅 EvoSuite 官网文档学习。

等待上述命令执行完成后，我们发现在当前目录下多了一个 Java 文件，这就是 EvoSuite 自动化生成的单元测试用例，以下是代码片段。

```
public class MyServiceValidator_ESTest extends
MyServiceValidator_ESTest_scaffolding {


    @Test(timeout = 4000)

    public void test0()  throws Throwable  {

        MyServiceValidator myServiceValidator0 = new
MyServiceValidator();

        boolean boolean0 = myServiceValidator0.isValid(1);

        assertTrue(boolean0);

    }


    @Test(timeout = 4000)

    public void test1()  throws Throwable  {

        MyServiceValidator myServiceValidator0 = new
MyServiceValidator();

        boolean boolean0 = myServiceValidator0.isValid(0);

        assertFalse(boolean0);

    }


    @Test(timeout = 4000)

    public void test2()  throws Throwable  {

        MyServiceValidator myServiceValidator0 = new
MyServiceValidator();

        boolean boolean0 = myServiceValidator0.isValid(100);

        assertTrue(boolean0);

    }


    @Test(timeout = 4000)

    public void test3()  throws Throwable  {
```

```
        MyServiceValidator myServiceValidator0 = new
MyServiceValidator();
        boolean boolean0 = myServiceValidator0.isValid(410);
        assertFalse(boolean0);
    }


    @Test(timeout = 4000)
    public void test4()  throws Throwable  {
        MyServiceValidator myServiceValidator0 = new
MyServiceValidator();
        boolean boolean0 = myServiceValidator0.isValid((-1084));
        assertFalse(boolean0);
    }
}
```

　　EvoSuite 非常强大，这些测试用例充分考虑了各种边界条件，如图 6.25 所示，能够达到 100%的行覆盖率和分支覆盖率，与人工编写的测试用例相比，有过之而无不及。

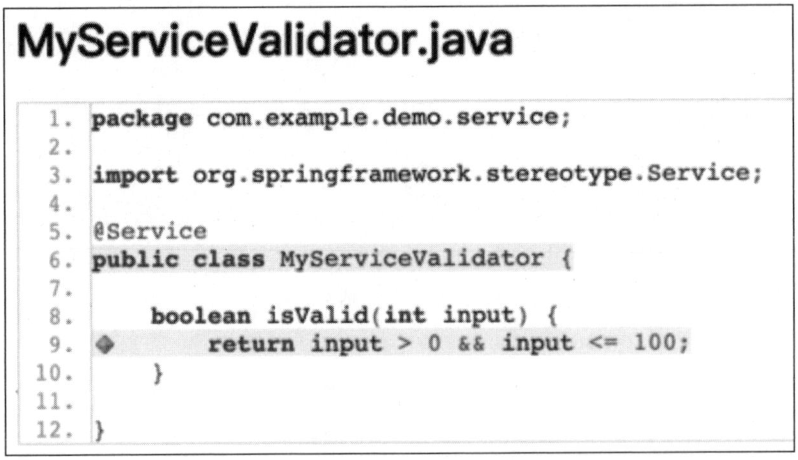

MyServiceValidator.java

```
 1.  package com.example.demo.service;
 2.
 3.  import org.springframework.stereotype.Service;
 4.
 5.  @Service
 6.  public class MyServiceValidator {
 7.
 8.      boolean isValid(int input) {
 9.          return input > 0 && input <= 100;
10.      }
11.
12.  }
```

图 6.25　EvoSuite 生成单元测试用例的覆盖率

6.6.2　Diffblue Cover

我们再来学习另一个较为新兴的单元测试用例自动化生成工具 Diffblue Cover，与 EvoSuite 相似，它也是从高校走出来的项目。不过 Diffblue Cover 相对更商业化一些，目前只提供了 IntelliJ IDEA 插件供试用，我们也来看一下其效果，并与 EvoSuite 进行对比。

在 Diffblue Cover 官网下载插件，并安装至 IntelliJ IDEA 中，重启后就获得了自动化生成单元测试用例的能力。如图 6.26 所示，在目标类上单击鼠标右键，选择"Write Tests"，等待一段时间后，单元测试用例就生成了。

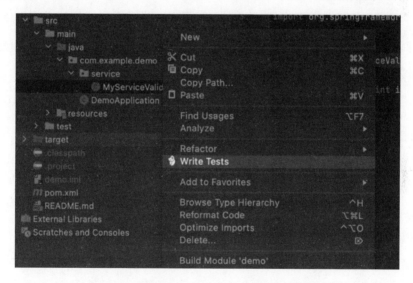

图 6.26　Diffblue Cover 生成单元测试用例

我们还是以 6.6.1 节中的 isValid() 方法为例，通过 Diffblue Cover 自动生成单元测试用例，代码如下。

```
public class MyServiceValidatorTest {
    @Autowired
```

```
    private MyServiceValidator myServiceValidator;


    @Test
    public void testIsValid() {
        assertTrue(this.myServiceValidator.isValid(1));
        assertFalse(this.myServiceValidator.isValid(0));
    }
}
```

看起来似乎比 EvoSuite 生成的用例少了一些，但同样做到了 100%的行覆盖率和分支覆盖率，因此也达到了我们期望的目标。

目前，行业内的相关人士仍在不断探索，通过人工智能的方式优化单元测试的自动化生成。我们有理由相信，未来单元测试的编写成本有望继续降低，应用范围将进一步扩大。

6.7 总结

工具建设是需要时时更新的，在快速发展的时代背景下，我们也需要与时俱进。本章主要介绍了一些高阶的工具建设内容和实践做法，在帮助读者开阔眼界的同时，也能够使读者在工作中更受启发。

- 在微服务体系的研发和测试过程中，很多效能上的损耗都是发生在依赖关系上的。

- 服务虚拟化的本质是创建一个虚拟的服务，它能够通过录制回放的手段进行学习，继而有能力模拟外部服务的行为，这个虚拟服务可以被团队共享使用，且不会对已有代码造成任何侵入。

- 代码覆盖率即便达到 100%，也无法确保软件系统的功能肯定没有问题，测试用例的高覆盖率和测试用例的有效性是不能画等号的。

- 如果只是简单地堆砌 API 自动化测试用例，那么随着用例规模的扩大，大量问题就会随之而来。

- GUI 自动化测试的实现成本相对较高，分层的优劣会直接影响维护的成本。

- 通过机器替代人类的工作，继而推动效率的提升，始终是 AI 的重要发展目标。

- 技术人员不愿意写单元测试的根本原因是，编写成本较高和价值呈现不足。

第 7 章

组织效能提升

　　组织的成立是为了承担并完成个体无法独立完成的任务，在如今的互联网行业，个人英雄主义已经不太可能解决所有问题，因为软件系统的规模实在太庞大了，即便是其中的某个局部，也往往充斥着一堆复杂的细节。从这个层面讲，程序员从来都不是孤军奋战。

　　既然我们需要通过组织这一社会实体来聚合一群程序员以完成某些特定任务，那么就一定会遇到一些特定问题，如组织如何划分、成员如何分工、组织如何运作，等等。这些问题如果处理得不好，会导致研发效能的巨大差异。为什么有些公司技术人员众多，但交付一个简单的购物车功能需要半年？为什么有些公司仅有上百名员工，但能够在短时间内连续推出多个优秀产品？除技术能力的差异外，组织建设也是不容忽视的一点。

　　另外，我们可以认为组织是交流的结果，软件研发作为人类的创造性活动，不是研究人员单纯利用计算机就能完成的，沟通和交流占据了软件研发过程中的大量时间。因此，成立组织的目的是，尽可能减少团队成员在交流和合作方面所花费的时间，以此提升整体组织效能。

　　组织效能是一个较为抽象的概念，到底怎样建设组织才能发挥出每个团队成员的最大能量呢？我们并没有标准答案，很多大厂正在积极进行探索，取消周报、减少低效加班、杜绝无效会议等做法，都是在尝试回答这个问题。

　　在这一章中，我们希望通过案例和实践讲解，并结合一些方法论的总结，授人以渔，引发读者对组织效能提升的思考。

7.1 工程效能部：从哪里来，到哪里去

时光回到十年前，我们几乎没有听说过工程效能部这个名词，但近几年，各大公司的各个工程效能团队如雨后春笋般冒出，一时间工程效能部成为行业炙手可热的组织形式。到底是什么原因造就了这种局面？百家争鸣的"盛世"背后，我们又该何去何从？

7.1.1 工程效能部的背景

与许多新兴的团队组织形式一样，工程效能部也是时代发展的产物。在我国互联网行业发展的早期，呈现的是"大鱼吃小鱼"的情形，一家大型公司即便在某一领域的投入滞后了，但靠着公司巨大的体量和强大的研发能力，依然能够在短时间内回到起跑线上。在这个背景下，几乎不会有人去关注工程效能的问题。

然而，时代已经悄然改变，无论是从互联网微创新的百花齐放，还是从政策和市场的导向来看，"快鱼吃慢鱼"逐渐成为主流，BAT（百度、阿里、腾讯）不再独大，我们有理由相信，未来会有更多"快鱼"成为新的行业领头羊。

在"快鱼吃慢鱼"的浪潮下，大公司庞大的组织规模反而成为一种负担，小公司的快速反应和适应变化的能力成为击败大公司的"钥匙"，工程效能作为其中的重要一环，甚至可以决定一家公司的兴盛衰亡。在这个背景下，各大公司争相组建工程效能部，也就不足为奇了。

此外，随着市场竞争的日益加剧，我们既希望产品的研发速度能够尽可能快，又希望不要牺牲产品质量，这个"又快又好"的诉求同样是组建工程效能部的重要背景，也是巨大的挑战。

7.1.2 工程效能部的组织建设

通过前面几章的讨论，想必读者会有这样的深刻认识：效能是极难解决的问题，其涉及面之广泛，绝不是单纯地通过技术手段可以完美解决的，其背后的组织建设也是很重要的因素。

在工程效能组织建设的萌芽阶段，一些公司会尝试组建小型的 DevOps 团队或生产力团队（Productivity Team），通过工具、流水线和容器化等技术手段打通各团队间的壁垒。

这种组织形式可以在一定程度上解决局部效能问题，在中小型公司是不错的实践。当然，由于公司规模不大，不可能支撑太多的投入，因此团队的定位和工作重点就显得非常重要，我们需要分析清楚团队的效能短板在哪里，是缺乏好用的工具平台？还是项目流程没有规范？亦或是团队不重视效能提升或不具备这方面的文化底蕴？打蛇打七寸，在掌握了真实的效能短板后，团队就有了明确的工作重心。

在大型公司，工程效能部的组织形式呈现出有趣的演进过程，我们将其总结为八个字："分久必合、合久必分"。在公司致力于效能提升伊始，各团队会根据自身的痛点进行一些分散的实践，但随着效能提升工作的逐渐深入，这种"散养"做法自身的效率就会大打折扣，而且容易出现重复造轮子的情况。这种情况演化到无法接受的程度后，组建一支独立的工程效能团队（即工程效能部）就成为必然的选择，这支团队负责总体规划，并输出标准化的研发效能平台和工具去统一支撑技术团队，这就是分久必合的结果。

此时，工程效能部往往是权力和压力兼具的。管理层为了快速看到变化，会赋予工程效能部较高的权力，比如，效能工具统一收口的权力，流程管控的权力，甚至是对其他团队部分工作的管辖权力，等等。值得注意的是，此时工程效能部与其他技术团队在组织关系上是平行的，如果在一段时间内，工程效能部无法为公司的效能提升带来实质性的改变，就会立刻陷入职责与权力不对等的窘况，这几乎是所有横向支撑型团队会遇到的共性压力，相信经历过这类团队的变迁过程的读者应该能够感同身受。

如果各个团队认为自己的效能提升诉求没有得到及时满足和支持，就会开始逐渐在内部建设属于自己的效能提升体系，久而久之，工程效能部的公信力和权力就会被削弱，造成合久必分的结果。

那么，什么样的组织方式能够尽可能发挥工程效能部全局统筹的优势，又不至于让工程效能部自身成为效能提升的瓶颈呢？这其实是一个很难一概而论的问题，如果公司规模很大，且对效能提升的诉求非常强烈，那么虚实结合的组织方式是不错的选择。

如图 7.1 所示，组建一个实体的工程效能部，同时每个业务技术团队约定一名效能提升负责人（可以是架构师或资深研发人员），它除了向业务负责人汇报，还向工程效能部负责人虚线汇报，定义明确的目标和产出。

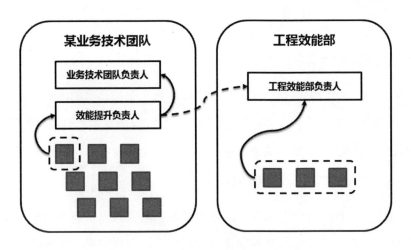

图 7.1　虚实结合的工程效能部组织形式

效能提升负责人遵循"首问负责制"，即对效能提升有第一手责任，为了支撑这个责任，每个业务技术团队约定不少于 10% 的人力由其统筹，作为开展工作的人力资源。其余技术人员依然保留在各业务技术团队的汇报关系，但需要将一部分绩效考评指标与效能挂钩，再由工程效能部根据客观数据进行打分。这样，就形成了有层次的团队负责制度，对各个职能角色也有一定的授权和约束。待公司的整体工程效能达到一定水平后，再逐渐将业务技术团队的人力投入释放出来。

7.1.3　工程效能部的未来

我们已经就工程效能部的组织建设讨论了很多内容，其实在很多情况下，工程效能部依然属于支撑型团队，而不是推动型团队。这里的区别在于，作为支撑型团队，团队所服务的需求是用户（这里的用户一般指内部技术人员）提出的，痛点是用户暴露的，我们要做的是服务好用户；而作为推动型团队，需求和痛点都是团队通过主动挖掘和分析得出的，团队的方向就是公司工程效能的发展方向。从这个层面来说，支撑型团队是被用户推着走的，而推动型团队是拉着用户走的。

在未来，我们更倡导工程效能部能够成为一支推动型的团队。在笔者所经历的公司中，不乏技术团队主动投入效能提升的案例，但成功的不多，原因是缺乏方法论指导、缺乏专业人才、缺少上级支持等，我们需要的是一个能够解决问题的工程效能团队。

此外，软件项目研发周期中的各个环节，其实具有很多可以进行效能提升的点，有些点可能很难具象化地体现出来，但却实实在在地影响了技术人员的工作效率。我们需要工程效能部作为一个专业团队，主动分析和解决问题，而不是被动地等待问题上报。无论工程效能部以何种方式组建和演进，这一点都是永恒不变的追求。

7.2 业务中台与质量中台

说起中台，自然会想到 Supercell 这家公司，爱玩游戏的读者对它应该并不陌生。作为一家仅有 300 多名员工的游戏公司，Supercell 公司推出了多款热门游戏并风靡全球，这是怎么做到的呢？这家规模不大的公司，在组织建设和技术能力上投入了不少精力，它设有一个强大的"中台"，来支撑所有上层团队进行游戏开发的工作，这些团队可以专注于创新，而不需要考虑底层能力能否支持的问题。这一做法对创新和变化非常友好，企业能够以最快的速度交付适应市场需求的产品。

更通俗地讲，中台就是能力沉淀和资源整合的平台，它作为一个巨

大的基座，最大化地支撑和提升了业务变现的效率，实现了全局最优的
效果。

7.2.1　中台的深入解读

虽然中台的概念非常火爆，但我们应当理性看待，一窝蜂地投入中台
建设未必是件好事。读者可以思考一下，为什么有些公司在初创时期，喜
欢用 PHP 写单体应用，喜欢用 MongoDB 等非关系型数据库，喜欢研发自
测？因为这是在当时的组织背景和人员构成下的最省时省力的需求交付
方式。

但是，当公司逐渐发展壮大后，伴随着业务线的增多和人员规模的上
涨，这种"揉在一块"的实现方式很容易成为瓶颈。例如，要实现一个新
的营销需求，可能需要前台（直接面向用户的服务）和后台（支撑前台的
服务）同时进行改动，开发成本非常高。造成这种情况的根本原因是，前
台作为直接与用户交互的"窗口"，是需要快速响应变化的，而后台作为支
撑性质的服务，是需要保持相对稳定的，两者的目标冲突，最终会影响需
求的交付速度。

我们来看一下中台是如何解决这一问题的，我们可以将其总结为"分
而治之，合并同类项"。第一步，将业务领域进行拆分，其中，定制化较强
的业务领域继续保留在业务实现层，而通用性较强的业务领域则单独抽出。
第二步，对通用业务领域进行分析，观察哪些领域能够合并为统一的新领
域，合并完成后，就形成了中台的雏形。

业界对中台的解读各不相同，笔者认为，中台最重要的特性是"灵活"，
即能够通过有限的基础业务逻辑去支撑无限的业务场景。要做到这一点，

中台至少要具备两个特点：标准化和适配性。

标准化是指，中台需要对共性的业务领域统一数据模型和对接方式，甚至是统一术语，这样中台才能形成一个可供上层业务域共同调用的"中间件"。

适配性是指，中台需要能够以尽可能小的代价，支撑尽可能丰富的上层业务需求，即"一次投入，反复使用"，否则，中台又会退化成传统后台的业务支撑模式。

到这里，想必读者能够意识到，中台的建设是非常考验一家公司的组织设计和产品能力的，而且对未曾建设中台的公司来说几乎是革命性的转变，因此应该要务实评估，不应急于求成。

以上，我们更多讨论的是业务领域的通用能力合并，这样形成的是业务中台。类似的，数据能力的合并就是数据中台，质量能力的合并就是质量中台。下面我们就业务中台和质量中台展开讲解。

7.2.2 业务中台解读

前面提到，业务中台就是将业务领域的通用能力进行合并，那么很显然，业务中台承载的基本都是核心业务。例如，在某大型公司的中台化建设过程中，将用户、商户、交易、支付领域抽象出通用能力，组建出用户中台、商户中台、交易中台和支付中台。而营销作为一个庞大的"泛领域"，我们可以先将其分解为营销基础能力、商业营销能力和场景营销能力，将前者规划至营销中台，后两者保留在业务层。

领域划分完毕后，下一步工作是进行领域建模，使用易于实现的模型将业务知识表达出来，比较著名的方法是 DDD（Domain Driven Design，领域驱动设计）。领域建模完成后，我们就要着手业务中台在技术层面的落地，微服务是目前最为流行的技术方案，与 DDD 的结合也很紧密，我们有时会将业务中台、DDD 和微服务称作"铁三角"或"黄金组合"，在实践中的应用非常广泛。

除了领域建模和技术实现，业务中台还会面临很多挑战。正如上面提到的，业务中台承载的基本都是核心业务，牵一发而动全身，因此对业务中台的稳定性、安全性、应急响应能力等都提出了较高的要求。通常来说，业务中台的 SLA（Service-Level Agreement，服务等级协议）至少需要比其他上层服务高一个等级，相关的服务治理工作频次也应较一般服务有所提升。

业务中台的未来很美好，但道路充满荆棘，相信随着行业内越来越多的实践输出和启发，业务中台能够逐步发挥其强大的作用。

7.2.3　质量中台解读

质量中台和业务中台的理念是类似的，区别在于，业务中台的目标是对通用业务领域和业务能力进行抽象、合并，以灵活支撑上层的业务需求；而质量中台的目标是对通用质量工具和平台进行抽象、合并，以减少质量工具和平台的重复建设。虽然两者面向的对象不同，但都具有中台的两个特点：标准化和适配性。

质量中台的标准化，并不是指研发一些质量工具，将其他工具全部淘汰掉，以致于所有人都只能用质量中台提供的质量工具，而是通过质量通用能力的建设，更好地支撑其他工具的定制化功能，减少重复建设。简而言之，质量中台注重的是交付"能力"。这有点类似于 Jenkins 提供任务调度的通用能力，而具体怎么用这个能力是由用户决定的，用户可以基于 Jenkins 执行自动化测试、执行造数脚本等定制化功能。从这个角度讲，质量中台寻找的是差异背后的共性，目的是更好地支持差异需求。

质量中台的适配性是指质量中台的"能力"要尽可能广泛地支持多种接入方，具体体现在三个方面。第一，质量中台所交付的"能力"必须是与语言无关的，不能只支持用特定语言编写的接入方，这可以通过对外暴露 HTTP 接口等方式来实现。第二，质量中台的"能力"内部应该是松耦合的，多项"能力"之间的依赖要尽可能少，否则会增加接入方的成本。第三，质量中台应该是开源的，应重视其他团队的代码贡献和微创新，这会促进质量中台更好地发展。

建设质量中台可能会遇到的阻力来自业务测试团队的顾虑，担心自己团队的工具被"吃掉"，这也反映了如今国内测试人员的普遍焦虑。我们认为，质量中台应当成为"质量生态圈"的建设者，倡导小轮子经济，鼓励业务测试团队在局部进行微创新，待这些微创新成熟后，将其中的通用能力下沉到质量中台中，业务测试团队则继续在定制化能力上进行创新。这样，每个团队的技术成果都能拥有更广阔的展示机会，也能达到不重复造大轮子的目的，这是我们所希望看到的共赢结果，也是质量中台的最佳实践。

7.3 组织建设中的研发效能度量

度量是研发效能领域的一个敏感话题，在实践中，我们时常会遇到通过度量没有达到预期目标，反而引起不良行为的情况，如果我们身处一个不成熟的组织，这些行为就很容易被放大，最终形成难以收拾的局面。

本节将从一些组织建设中失败的度量案例谈起，引申出我们对研发效能度量的一些看法和观点，然后就组织建设中研发效能度量的方法和误区做深入的讲解。

7.3.1　度量失败的案例

我们先来看一些度量失败的"反面教材"案例，第一个案例是关于"窗户税"所引发的不良后果。在 1696 年之前，英国政府对于个人房屋的税收政策采用的是"壁炉税"，也就是根据屋内的壁炉数量来计算应缴税费。这就要求税务员每家每户进屋查看，无形中增加了税收的难度，于是在 1696 年之后，"壁炉税"被改为通过计算窗户数量来计算应缴税费的"窗户税"，这样税务人员就不需要进门，直接在街道上数窗户就行了。

面对此种"度量"手段，为了少缴税的房东们绞尽脑汁，除买油灯、堵窗户外，还在屋顶开天窗。结果，在昏暗的房屋里产生了一大批近视眼患者，并由此刺激了照明业和眼镜业的发展，此外，税收机构几乎一无所获。

再来看一个发生在我们身边的度量失败的案例：某餐饮品牌公司为了提高用户满意度，在用餐体验方面花了很多心思，并要求服务员严格遵守。比如，只要是来吃火锅的戴眼镜的客人，服务员都要给他递上一块擦镜布；杯子里的饮料低于 1/3，就要赶紧给客人加饮料；如果客人带了手机，把手机放在桌上，要赶紧用一个塑料袋把它给套上。如果这些工作没做好，服务员就会被扣分，这些分数最终会反映在工资绩效上。

这样的"度量"体系设计直接导致服务员为了绩效而不断地"骚扰"顾客。顾客即将结束用餐不需要饮料了，不行，必须加满才能走；顾客不喜欢用塑料袋把手机套上，不行，我的地盘我做主，必须要套上。结果导致了一系列用户体验的问题。

我们还能列举出不少由于度量体系设计不当而引发"内卷"等不良行为的案例。

如果以"点击量"来度量自媒体运营的成果，那么就会出现点击量显著提升，但是公众号的关注人数却下降的现象。原因就是使用"标题党"等手段诱骗读者打开链接，但是实际内容名不副实，被多次忽悠以后，读者就不会继续关注该公众号了。

以"手术成功率"来考核医生，医生就会刻意回避疑难杂症和重症病人，医生的"手术成功率"提高了，但重症病人却得不到救治。

读者可以思考一下，这些度量为什么都会失败呢？

7.3.2 度量失败的原因

度量失败的本质原因在于，这些组织在进行度量时，只考虑了方法和技术的升级，而在思维模式上并没有升级。我们身处于数字化的变革之中，需要转换的是自己的思维模式，我们需要将工业经济时代科学管理的思维彻底转换为数字经济时代的全新思维。

随着时代的变迁，很多商业模式的底层逻辑都发生了变化。

- 曾经很长一段时间，互联网商业模式主要依靠信息不对称来获取利润，直白地说，就是"你知道的我不知道，我知道的你不知道"。然而，如今的商业模式却是依靠打破信息不对称来获取利润的，电商和打车都是非常鲜活的案例。

- 在数字经济时代，"免费"不再是营销的伎俩和诱饵，而是一种切实可行的成功的商业模式。今天，我们不会为了销售 99%的产品去免费赠送 1%的产品，而是为了销售 1%的产品去免费赠送 99%的产品，能够这么做的原因也很简单，数字产品的边际成本无限趋向于零，这在工业经济时代是不可想象的。

- 对于企业，其核心竞争力的获取方式也发生了巨大的变化，从过去传统企业的"防守型"转变成如今互联网企业的"进攻型"。传统企业通过长期积累，高筑墙、广积粮，形成护城河，让后来者无法进入以获得竞争优势。而互联网企业则是借助资本的迅速增长，达到用户临界点实现赢者通吃，同时借助天然的数据优势形成增长闭环，然后一举颠覆旧行业。

网络上有一段流传甚远的话："很多时候，我们在重组自己的偏见时，还以为自己是在思考；在重复以往的错误时，还以为是在坚持梦想；在故步自封时，还以为是在坚守；在不思进取时，还以为是低调。所有这些愚蠢的行为，都是因为我们延续过去，而且还把它合理化"。对于软件研发效能的度量，绝大多数组织都还在用工业经济时代形成的管理理念来尝试改进数字经济时代下的研发模式，但时代变了，底层逻辑也已经变了，我们应当及时转变观念。

7.3.3　组织建设中的研发效能度量精解

在组织建设中进行研发效能度量是非常必要的，这是毋庸置疑的结论。"没有度量就没有改进"这一底层逻辑自始至终都没有改变过，只是在工业经济时代和数字经济时代，度量的理念和方法会有所区别。

度量对于团队研发流程改进的意义是非常明确的。工业经济时代的实体产品研发与生产中的风险是相对明显的，比较容易找到防范的方法，也分得清责任，比如丰田的安灯体系就是很好的例子。但是数字经济时代的软件产品研发，是通过越来越多的软件工程师的数字化协作来推进的，参与研发的人越多，人与人之间的沟通成本就越高，产生随机偏差的概率也会越大，再加上软件研发过程本身的可视化程度较低，风险的可见性就容易被各个环节所掩盖，但这些风险最终会在看不见的地方积累起来，如果没有适当的度量体系去突显这些风险，结果可想而知，后续的持续改进和治理更无从谈起。

度量对于人的公平性诉求也是有价值的。人们会说："我虽然没有功劳，但是我也有苦劳"。 大部分人可能只关注自己的付出，但并不关心付出所获得的实际效果，作为组织的管理者应该为苦劳鼓掌，为功劳付钱。功劳和苦劳的体现也需要借助客观的度量数据来量化，否则组织中的成员会逐渐陷入碌碌无为的窘境。

明确了在组织建设中必须对研发效能进行度量以后，我们再来看一个更实际的问题：研发效能到底能不能度量？

关于这个问题，业界有两种截然不同的观点，一种是以现代管理学之父 Peter Drucker 的理论为依据，主张研发效能能够度量；另一种是以世界级软件开发大师 Martin Fowler 为代表，主张研发效能不可度量。在这个问题上，笔者的观点比较中庸，我们认为研发效能能够度量，但是只能部分度量，原因有以下三点。

　　第一，度量本身的片面性是无法避免的，现实事物复杂而多面，度量正是为了描述和对比这些具象事物而采取的抽象和量化措施。从某种意义上来说，度量的结果一定是片面的，只能反映部分事实。管理者往往喜欢将目标拆解为可度量的指标，但是目标和指标可能并不是简单的全局与局部的关系。目标的拆解过程也许非常顺畅和理所当然，但是当我们将拆解完的指标合并起来的时候，结果往往令人啼笑皆非。

　　有这样一个笑话："你问人工智能，我要找一个女朋友，喜爱运动，陆上运动、水上运动都会。于是，人工智能根据这几个指标给出了母青蛙这个答案"。可见，实现指标并不是实现目标的充要条件。

　　第二，度量指标容易陷入局部思维。指标是为了实现目标而服务的，但是在实践过程中，指标很多时候却是与目标为敌的。管理者常常把目标拆解为指标，久而久之，眼里就只有指标，而忘了背后更重要的目标。

　　在福特汽车的发展史上，有一段至暗时期。那些实践经验丰富但没有上过商学院的老一辈管理层被组织淘汰，取而代之的是具备名校管理背景的数据分析师，公司试图通过精细化的数字管理来实现业务的增长。然而，由于这些数据分析师并不熟悉业务，所以就只能看度量数据，越是不懂业务，就越依赖度量数据来做决策，最后使整个公司陷入了泥潭。

　　软件研发也有类似的尴尬，为了追求更好的代码质量，制定了严格的代码测试覆盖率要求。时间一久，技术人员都机械性地追求这个指标，而忽略了当时设立这个指标的初衷，于是就出现了大量在单元测试中不写断言等尴尬的局面。

　　第三，度量数据的解读具有很强的误导性。度量数据本身不会骗人，但数据的呈现和解读却有很大的差异，同样的数据通过不同的解读会引导出截然不同的结论。

这里列举一个案例，有研究人员询问被调查者："假如你得了绝症，有款新药可以治愈，但是会有风险，20%的服用者可能因此而丧命，你吃吗？"大多数人会选择不吃。但是如果研究人员反过来问："假如你得了绝症，有款新药可治愈 80%的患者，但此外的人会死，你吃吗？"绝大多数人会选择吃。有趣的是，这两个问题的基本数据是一致的，但是得到的答案却是完全相反的。原因其实很简单，在前面的问题中我们强调的是"失去"，而在后面的问题中我们强调的是"获得"，人的天性会更喜欢"获得"，而不是"失去"。

研发效能领域也有类似的规律，相同的数据给不同的人会有截然不同的解读，由此做出的决策也会因此而不同。

综上所述，我们认为研发效能到底能不能度量是要基于场景的，脱离场景去谈能否度量没有太大意义。正如没有什么东西本质上就是脏的，有些东西因为放错了位置所以才是脏的，饭菜在碗里是干净的，泼到了衣服上才是脏的。泥土在花园里是干净的，抖落到床上就是脏的。

7.3.4　组织建设中的研发效能度量误区

我们在第 3 章中已经谈到过一些度量的误区，本节主要基于团队组织的视角，来进一步分析组织中的研发效能度量误区，希望这些颇具"代入感"的误区能够帮助读者少走弯路。

照搬用户或管理者的度量诉求

这是一个非常常见的误区，而且稍不注意就会触犯。在汽车还没有被发明的时代，我们询问马车用户需要什么样的交通工具，得到的答案很有可能是"更快的马车"，如果我们沿着这个思路去工作，就会陷入研究马蹄设计和马饲料优化的误区，汽车永远都不会被发明。其实在大多数情况下，用户所反馈的需求往往都只是自以为是的"解决方案"。

管理者有时也会犯同样的错误，因此当我们从管理者手里获取度量需求后，不应一头扎进数据的细节中，完全按照管理者提供的表面诉求去做，而是应该尝试去理解管理者想要看到这些数据背后真正的动机，思考管理者究竟希望通过这些数据解决什么问题，只有这样才能给出相对完美的度量方案。

"一刀切"式的度量

高层管理者、中层管理者和一线工程师各自所关心的度量维度肯定是不同的，我们应该避免建设一个看似大而全的度量体系。当一个度量体系能服务所有人的时候，恰恰意味着它什么都做不到。

比较理想的做法可以参考 OKR（Objectives and Key Results，目标和关键成果）的实践，首先由高层管理者制定度量体系的总目标，然后由中层管理者将其分解为可执行可量化的指标，最后再由一线工程师进一步将其分解为工程维度的细分指标。各个层级的人员只需要关心当前层级的指标及上一层级的目标，不应出现高层管理者过多、过细地关注下层人员制定指标的情况。

将度量视为"目标"

度量不应被视为目标，而应视为实现目标的手段。度量是为目标服务的，所以好的度量设计一定对目标有正向牵引的作用，如果度量对目标的负向牵引大于正向牵引，那么这样的度量就是失败的。

例如，目前国内很多企业都在使用 Sonar 进行代码静态检查，为了推进 Sonar 在团队内的普及，部分团队会设置 Sonar 项目接入率指标，即有多少百分比的项目已经接入了 Sonar，以此来衡量代码静态检查的普及率。这个指标看似中肯，实际上对实现最终目标的牵引力的作用是比较有限的，使用 Sonar 的最终目标是提升代码的质量，而仅仅接入 Sonar 并不能实际改善代码的质量，甚至还可能陷入为了接入而接入的指标竞赛。理解了这层逻辑以后，我们可以得出结论，"Sonar 严重问题的平均修复时长"和"Sonar 问题的增长趋势"是更有实践指导意义的度量指标。

开展不切实际的大规模度量

不要在没有任何明确改进目标的前提下开展大规模的度量，因为度量是有成本的，而且这个成本还不低。很多大型组织往往会花大成本建立研发效能度量数据中台，以期通过对研发效能大数据的分析来获取改进点，这种"广撒网"的策略虽然看似有效，实则收效甚微。事实证明，度量数据中台的建设成本往往会大幅高于实际取得的效果。

比较理想的做法应该是，通过对研发过程的深入洞察，发现有待改进的点，然后寻找能够证实自己观点的度量集合，并采取相应的改进措施，最后通过度量数据来证实改进措施的实际价值，这种"精准捕捞"的策略往往会更具实用价值。

试图通过单一指标进行度量

试图通过单一指标进行度量也是非常不可取的，因为事物往往具有多面性，事物本身的复杂度就决定了度量也必须是全方位和多维度的。基于这一点，我们应当建立度量的"雷达图"，面向事物的多个维度进行度量。雷达图中的度量矩阵的设计非常关键，要保证各个度量指标之间有相互牵制的作用，这样即便其中某个度量指标被人为修饰了，其他的度量指标依然可以暴露问题。图 7.2 展示的度量雷达图就是一个很好的例子，根据这张雷达图，我们可以分析出以下结论。

- 当"缺陷数量"低的时候，不能直接得出代码质量高的结论，而要结合"完成的需求点数"来做综合判断。

- 当"加班时长"高的时候，不能直接得出这名员工应获得高绩效的结论，而要结合"完成的需求点数""代码影响力"和"缺陷数量"来做综合判断。

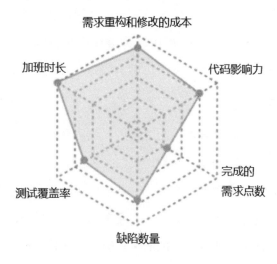

图 7.2 度量雷达图

我们几乎不可能对所有指标"造假",因此度量雷达图能够得出相对客观的结论,这正是度量雷达图的魅力所在。

敏捷模式下用"人天"进行工作量度量

如今,敏捷开发模式被大量团队组织所采用,那么在敏捷模式下的工作量度量,究竟应以"故事点"作为单位,还是以"人天"作为单位呢?有些人认为两者均可,应基于团队的使用习惯来判断,这是值得商榷的。笔者认为,正确的做法是必须用"故事点"作为单位进行工作量度量,而非"人天"。

其中的缘由也并不复杂,简而言之,工作量是量的概念,而"人天"是时间的概念。如果我们要搬 1000 块砖,那么这 1000 块砖就是工作量的概念,搬得快,工作量是 1000 块砖,搬得慢,工作量还是 1000 块砖。因此,工作量本身的大小和时间是没有关系的。

那么工作量如何与时间产生关系呢?这时就要引入速率的概念。同样搬 1000 块砖,建筑工人每分钟搬 10 块,100 分钟就能搬完;笔者每分钟只能搬 5 块,需要 200 分钟才能搬完。只有当速率被确定了,我们才能把工作量换算成时间。

在明确了工作量和"人天"的关系后,我们来看一下敏捷实践中遇到的一个具体问题,也就是说在计划迭代的时候我们是无法明确获悉速率值的,速率会随着很多因素动态变化,并不是一成不变的。工程师的熟练程度、是否之前处理过同类型的问题、需要参加会议的数量、家里各种琐事的干扰等,都会对速率产生直接的影响。因此,我们无法将代表工作量的"故事点"和代表时间的"人天"等同起来。

那么，为什么有很多团队仍然直接用时间来估算工作量，并且认为"以故事点为单位"和"以人天为单位"没有区别呢？这是因为这些团队在实践中往往会假设速率是一个常量，既然速率是常量，那么工作量与时间就始终成正比，继而判断用哪个单位来估算工作量都没什么区别。这个看似"合理"的假设，背后其实是一个巨大的逻辑错误。

将度量指标与个人考核指标绑定

关于度量，业界有一句流传已久的话："你度量什么，就会得到什么，而且往往是以你所不期待的方式得到的"。笔者也有一句箴言："当我们将度量指标与个人考核指标绑定的时候，永远不要低估人们在追求指标方面的创造性"。我们旗帜鲜明地反对将度量指标与个人考核指标进行绑定，因为度量指标本身很难做到客观和公正，强行绑定个人考核指标很可能会适得其反，容易导致工程师纯粹面向指标去开展工作，而不是面向结果。

虽然我们不建议将度量指标与个人考核指标进行绑定，但是将度量指标与团队绩效进行绑定还是很有必要的，通过度量能够反映团队宏观层面的问题，继而采取有效措施进行改进。当然，度量工作落实到团队层面依然无法做到客观和公正，但是这些偏差可以在团队各线负责人这一层进行补偿和调整，最终在团队内部消化掉。因此，我们认为将度量指标与团队绩效进行绑定是可行的。

7.4　高效组织建设的最佳实践

如果我们将软件研发工作比喻成建造一座摩天大楼，那么组织建设就是地基，如果地基没有打好，则很难想象这座大楼能够拔地而起。在一个低效的组织内进行研发工作，即便工具再健全、人员再优秀，也很难达到真正意义上的高效，很容易触及瓶颈。这种情况在一些大厂反而比较常见，我们将其称为"大公司病"，它表现为机构臃肿、成本高昂、军心涣散，这说明随着公司规模的扩大，高效组织建设是愈发有难度的。

高效组织建设是一门大学问，我们常说软件不是建造出来的，而是演进出来的，对于组织建设也是同样的道理，需要不断摸索和沉淀。下面介绍一些高效组织建设的最佳实践，希望能为读者带来一些启发。

7.4.1　不要制定冲突的目标

也许你听说过目标制定的 SMART 原则（明确性、衡量性、可实现性、相关性、时限性），其中相关性（Relevant）原则指的是实现该目标与其他目标的关联情况。比如说，某个目标实现了，但是与其他目标的关联度都比较小，那么即便这个目标达成了，意义也不大。

在实际工作中，我们可能还会遇到更极端的情况，即多个目标之间存在冲突。举个例子，研发团队制定的目标是："半年内人均产生的高危 Bug 数量小于 10 个"，而测试团队制定的目标则是："半年内人均发现的高危 Bug 数量大于 10 个"，这就是一组典型的冲突目标。如果团队追求这样的目标，结果往往就是，测试团队和研发团队逐渐开始对立，或者个别团队成员间会通过达成某种"私下交易"来美化数据。

目标间的冲突对研发效能的损害是极大的，就好像你在全速冲刺时，总有人在边上拽你的衣角。要避免制定冲突的目标，读者可以参考以下思路：

- 目标通晒优于目标拆解：要避免目标冲突，首先要识别目标冲突。一种比较高效的做法是，在逐层拆解目标前，先在当前层级进行目标通晒，确保无冲突后再向下拆解，这样就可以确保及早发现冲突。

- 向上寻求共同目标：识别到目标冲突后，如何化解冲突呢？答案就是向上寻求共同目标。就以前面关于 Bug 数量的目标为例，很显然，研发团队和测试团队的共同目标都是及早交付高质量的产品，用这个共同目标再去审视各自的细分目标，就更容易规避冲突。

7.4.2　善用激励手段，敢用惩罚手段

无论团队以何种方式组织，激励手段和惩罚手段都是必不可少的管理方式，正确的激励手段能够激发团队的动力和上进心，使其产出最大化；适当的惩罚措施能够让团队及时纠正错误，在未来做得更好。

我们来看一个真实的案例，某公司的业务发展速度非常快，服务资源的消耗大幅上升，公司希望能够提升服务资源利用率，鼓励各业务团队投身服务性能优化，避免简单扩容。于是，公司推行了一个政策，如果在一个业务团队中，有一个服务通过优化手段能够缩容一定的资源，那么这部分资源不会被回收，而是可以用到这个业务团队的其他服务中，甚至还会奖励一部分资源。

这种共享资源配额的激励做法，起到了立竿见影的效果，业务团队不再纠缠于为何不提供扩容资源，而是想尽办法榨取服务性能的可优化之处，以应对业务自然增长带来的服务资源压力。

定期组织一些轻松诙谐的仪式，将奖惩措施融入其中，也是不错的团队激励方式。比如，举办"红烂草莓"的评选活动，根据团队各成员的工

作成果和效率，结合高等级评委的打分，评选出若干做得好的"红草莓"和做得差的"烂草莓"，在部门例会时对"红草莓"进行颁奖。在聚光灯下，做得好的员工能够保有高度的荣誉感，做得不好的员工也能够有所警醒。这些举措反映到组织建设上，就能带来高效的结果。

7.4.3 规避形式主义，勇于做减法

形式主义是组织建设效能低下的万恶之源，特别是当管理者为了实施所谓的科学管理而设定各种不切实际的条条框框时，团队成员就会陷入极其痛苦的状态，最终影响整个团队的工作效率和工作状态。

在软件生产过程中，人的因素起到了决定性的作用，因此形式主义的危害相较于其他行业更甚。例如："领导不下班，我也没法下班""上级规定周报必须写满 1000 字""不管单元测试怎么写，覆盖率必须达到 90%"，等等。这些案例的共同点，都是在迫使团队成员做一些冗余和无效的工作，来迎合管理者的"懒政"或"个人主义"。如果一个团队充满了诸如此类的形式主义，团队效率之低可想而知。

规避形式主义，关键是要勇于做减法，敢于消除一些不必要的规则。

我们来看一个案例：测试用例评审是软件项目流程中的一个常见环节，相关研发人员和测试人员都要参与评审，确保用例场景充分，没有遗漏关键信息。

这一评审过程一般都比较枯燥乏味，而且很容易演变为走过场的形式主义。如何提升测试用例评审的效率呢？答案就是做减法。当时在笔者的办公楼层，有一台可移动的电视机，我们把这台电视机推到茶水间门口的

沙发边上，每人拿上一瓶饮料就开始评审了，除主讲人外其他人不允许带电脑，评审在一小时内完成，偶尔有超时的，另行预约时间。

这种半正式又轻松的评审方式，能够有效地提升团队成员的专注程度和积极性，我们并不需要每次都把所有人请到会议室，大家正襟危坐、轮流发言，这样反而会限制思维的迸发。

7.4.4 重视创新，鼓励"小轮子"经济

我们经常听到这样一句话："不要重复造轮子"，这个说法本身是正确的，重复造轮子会导致无谓的人力投入和成本浪费，这是我们在进行组织建设时需要规避的。例如，某公司针对测试团队的组织建设形式是将其拆分到每个业务线进行管理，这种形式的好处是易于整合和运作测试资源，但弊端是容易造成每个团队在进行测试工具建设时各自为战，出现重复造轮子的情况。

在这里，我们想输出的一个观点是：不应一刀切地拒绝重复造轮子。一个高效的组织，必然是充满活力的组织，有些工具或工作虽然表面上看是重复轮子，但其中有一些局部创新点会为研发效能的提升带来潜在的价值。如果我们从一开始就以避免重复造轮子的名义将这些"小轮子"扼杀在摇篮里，效果往往会适得其反。

那么这个"度"怎么把握呢？建立虚拟团队，作为支持这些小轮子的"孵化器"，是个不错的做法。虚拟团队的组建有助于各组织保持沟通，展示各自的工作内容，简而言之就是"透明化"。同时，对于处于创新萌芽阶段的"小轮子"，可以统一协调资源支持与协助，待这个轮子长大以后，再

统一规划抽象到通用工具中。这样，就形成了良性循环，既鼓励小轮子经济，又避免了重复造大轮子。

7.5 企业级研发效能提升的常见误区

在推进研发效能提升的过程中，必然会有很多误区。本节我们集中探讨那些最典型也最容易出现的误区，帮助读者在企业实际推进研发效能提升的过程中引以为戒，避免踩坑。

7.5.1 试图提升研发效能的绝对值

企业始终希望通过提升研发效能来增强自身的竞争力，但是实际情况很有可能是，随着时间的推移，企业的研发效能变得越来越差。软件架构的复杂度是在不断提升的，软件的规模（例如集群规模和数据规模）也在不断增长，同时研发团队的人员规模也日益庞大，由此带来的沟通协作成本同样水涨船高。因此，我们能做的不是提升研发效能的绝对值，而是尽可能减缓研发效能恶化的程度，使其下降得不至于太快，努力保持现状就是成功。

7.5.2 迷信单点局部能力

迷信单点局部能力、忽略全局优化和拉通的重要性，也是研发效能提升过程中常犯的错误。很多团队并不缺乏研发效能的单点能力，各个领域都有很多不错的垂直能力工具，但是将各个单点能力横向集成与拉通，能够从一站式全流程的维度进行设计和规划的成熟的研发效能平台还是凤毛麟角。

现在国内很多在研发效能领域投入较多精力的公司，其实还在重复建设单点能力的研发效能工具，这个思路在初期是可行的，但是单点改进的效果会随着时间收益递减，企业依然缺少从更高视角对研发效能进行整体规划的能力。毕竟，局部优化并不一定能实现全局优化，有时甚至还会导致全局恶化。

7.5.3 过高估计普适性的通用研发效能工具的能力

很多时候，具有普适性的通用研发效能工具其实没有专属工具使用方便。

既然打造了研发效能工具，那么就需要到业务部门进行推广，让这些工具能够被业务部门使用起来。其实，一般中大型公司的业务团队在CI/CD、测试与运维领域都有一定的人力投入，也会开发和维护不少能够切实满足当下业务研发需求的工具，此时要把新打造的研发效能工具替换掉业务部门自己的工具，肯定会遇到很强的阻力，除非新的工具能够显著提升效率，用户才可能有意愿替换。但实际情况是，新打造的工具为了考虑普适性，很有可能还没有原来的工具好用，加之工具替换的额外学习成本，除非是管理层通过行政手段强制要求接入，否则推广成功的概率微乎其微。即使采用行政手段，实际执行的效果也会大打折扣，接入但不实际使用的情况不在少数。

7.5.4　用伪工程实践和面子工程来滥竽充数

如果我们从宏观视角比较国内外研发效能的工程实践，会发现国内公司和硅谷公司的差距还是相当明显的，但是当我们逐项（例如单元测试、静态代码扫描、编译加速等）比较双方开展的具体工程实践时，会惊讶地发现从实践条目的数量来说，国内公司一点都不亚于硅谷公司，在某些领域甚至有过之而无不及。那么为何宏观差距会如此明显呢？我们认为最主要的原因是，国内很多工程实践是为了做而做，为的是"政治上的正确"，而不是真正认可这一工程实践的实际价值。

对于这一点，比较典型的例子是代码评审和单元测试，虽然很多国内互联网大厂都在推进代码评审和单元测试的落地工作，但是在实际过程中往往都会偏离目标。代码评审演变为形式主义，实际的评审质量和效果无人问津，评审人的评审工作不计入工作量，自然也不承担任何责任，这样的代码评审能有什么效果呢？单元测试也是类似，逐渐沦为一种口号，人人都说要贯彻单元测试，但在计划排期时又完全不给单元测试留任何时间和人力资源，很难想象这样的单元测试会起到多大的作用。

所以，国内公司缺的不是工程实践的多少，而是工程实践执行的深度。不要用伪工程实践和面子工程来滥竽充数。

7.5.5　忽略研发效能工具体系的长尾效应

再回到研发效能工具建设的话题上，公司的管理团队往往希望能够打造一个一站式普遍适用的研发效能平台，以便公司内大部分业务都能顺利接入。这个想法很好，但是不可否认的是，研发效能平台和工具往往具有长尾效应，我们很难打造一个统一的研发效能平台来应对所有业务的研发需求，各种业务研发流程的特殊性是不容忽视的。退一步说，即便我们通过高度可配置化的流程引擎实现了统一研发效能平台，这样的平台也会因为过于灵活、使用路径过多而导致易用性很差。灵活性和易用性的矛盾在本质上是很难调和的。

7.5.6　盲目跟风

我们再将视线放到一些中小型的研发团队，这些团队目睹国内大厂在研发效能领域不约而同的重兵投入，容易产生跟风的思想，试图通过引进大厂工具和大厂人才来作为研发效能提升的突破口，但实际效果可能差强人意。

大厂的研发效能工具体系固然有其先进性，但能否适配中小型公司的研发规模和流程是有待商榷的。同样的药给大象吃可以治病，而给人类吃可能会直接丧命。研发效能工具应该被视为起点，而不是终点，我们并不是买了一辆跑车就能成为赛车手。

7.5.7　研发效能的"冷思考"

前面我们提到了工具、团队和工程实践，现在，让我们回到人的层面，研发效能提升对一线的研发工程师而言又意味着什么？

我们发现，工具效率的提升并没有减少我们的工作时长，新工具、新平台在帮助我们提升效率的同时，也不断增加着我们学习的成本。前端开发的行业现状就是一个典型，以全家桶为基础的前端工程化大幅度提高了前端开发工程师的效率，但与此同时前端开发工程师的学习成本却在成倍地增加，"又更新了，实在学不动了"这句调侃从一定程度上反映了前端开发人员的悲哀和无奈。

同时，技术的升级正在不断模糊工作和生活的边界。早年，工作沟通除面聊外主要靠邮件，非工作时段上级给员工发邮件，员工可以有各种正当理由不及时回复，然而如今，人人都有即时通信工具，再结合各种 ChatOps 实践，已经让员工无法区分工作和生活了，这难道是我们想要的吗？

随着人们在研发效能领域的不断投入，会有越来越多的研发效能工具诞生，这些工具将人与工作连接得更加紧密，人越来越像工具，而工具越来越像人。我们之所以创造工具是想减轻自己的工作，但现实却很可能发展成我们被亲手创造的工具所奴役。我们致力于研发效能的提升，这究竟会成就我们，还是毁了我们？值得所有人深思。

综上所述，对于研发效能，最重要的不是技术升级，而应该是思维升级，我们身处于数字化变革之中，需要转换的是自己的思维方式，我们需要将科学管理时代的思维彻底转换为数字经济时代的思维。

7.6 总结

组织是软件研发人员相互联系而成的社会群体，它需要有明确的目标和精心设计的组织结构，以便组织中的人们能够通力协作和高效沟通。在本章中，我们通过对大量实战内容进行剖析，提炼出最佳实践和误区，希望能够帮助读者举一反三，于自己所在的组织内为效能提升贡献一分力量。

- 组织的目的是尽可能减少团队成员所需的交流和合作的数量，以此提升整体组织效能。

- 在大型公司，工程效能部的组织形式呈现出有趣的演进过程，即"分久必合、合久必分"。

- 我们更倡导工程效能部能够成为一支推动型的团队，主动挖掘和分析用户的需求和痛点，团队的方向就是公司工程效能的发展方向。

- 中台是能力沉淀和资源整合的平台，它作为一个巨大的基座，最大化地支撑和提升了业务变现的效率，达成全局最优的效果。

- 度量失败的本质原因是，这些组织在进行度量时，只考虑方法和技术的升级，而在思维模式上并没有升级。

- 研发效能到底能不能度量是要基于场景的，脱离场景去谈能不能度量，没有太大意义。

- 度量不应被视为目标，而应视为实现目标的手段。

- 当一个度量体系能服务所有人的时候，恰恰意味着它什么都做不到。

- 我们应当建立度量的"雷达图"，面向事物的多个维度进行度量。

- 无论团队以何种方式组织，激励手段和惩罚手段都是必不可少的管理方式，正确的激励手段能够激发团队的动力和上进心，使其产出最大化；适当的惩罚措施能够让团队及时纠正错误，在未来做得更好。

- 规避形式主义，关键是要勇于做减法，敢于消除一些不必要的规则。

- 对于研发效能，最重要的不是技术升级，而是思维升级，我们身处于数字化变革之中，需要转换的是自己的思维方式，我们需要将科学管理时代的思维彻底转换为数字经济时代的思维。

第 8 章

业界优秀研发效能提升案例解读

"纸上得来终觉浅，绝知此事要躬行。"所有的方法论和抽象总结都只是引领和启发性质的，只有通过亲身实践探索，方能将所学转化为所得，这就是实践的威力。

在研发效能领域，各大知名公司几乎都在不断投入资源去建设，由此也不断出现优秀的实践案例。这些案例是非常宝贵的学习素材，通过它们，我们不仅能看到这些公司的研发效能提升效果，还能从中学习到研发效能提升过程中的难点和痛点，帮助我们少走弯路。这种案例驱动型的学习方式，是达成短期目标的最快速的手段。

本章，我们将为读者带来三个实践案例，它们分别来自三种不同类型的组织：规模巨大的全球化电商公司、从小作坊发展壮大的 CODING（现为腾讯全资子公司）团队，以及大型通信行业公司。通过对这三种形态迥异的公司的实践案例解读，我们希望能够多角度、全方位地给读者呈现研发效能提升的不同落地思路和做法。

8.1　大型全球化电商公司的"去 QE 化"实践

"去 QE 化"的概念是指没有专职测试人员的研发团队，测试的工作和任务由开发工程师自己来承担，遵循"谁开发、谁测试、谁上线、谁值班"的一条龙原则。

"去 QE 化"的概念是如何被提出的呢？这还得从 Google 举办的 GTAC 大会说起，GTAC 大会的主要议题是围绕着测试工程师在自动化测试领域的技术创新而展开的，大会自 2006 年开始已经连续在北美、欧洲及亚洲举办了 10 届。然而到了 2017 年，Google 突然宣布取消原本计划在伦敦举行的会议，Google 给出的理由是"相比自动化测试技术，我们更关心工程效能的提升"，这是大型公司尝试"去 QE 化"的信号之一。

工程效能在实践中落地的一种表现形式是"开发人员在完成开发工作的基础上，还需要承担测试、上线和运维的全部工作"，这就需要我们为开发人员的一条龙工作提供所有必要的全链路工具链支持，包括静态代码检测、CI/CD 流水线、自动化测试框架、部分测试用例的自动生成、测试执行环境和测试数据准备，等等。

由开发人员自己完成测试工作（即自测），确实能提升研发效能。从流程层面来讲，原本软件产品在发布前要经过两个部门——开发部门和测试部门，而开发人员自己完成测试工作后则只需经过开发部门即可。因此，环节变少了，沟通成本变低了，自然可以提高效率。

从实际操作层面看，我们也会得出类似的结论。在有专职测试人员时，开发人员完成新功能或修复缺陷后只会进行少量的自测，有些小的改动甚至都不测试，而是直接"扔"给测试人员。这并不是说开发人员没有责任意识，通常开发人员手头也会有大量的开发任务，而且由于后续有专职的测试人员介入，开发工作量的估算往往也不会考虑自测的时间。这样形成的结果就是，当测试人员开始着手执行测试时，时常会发现开发人员递交的服务代码连最基本的冒烟测试都通不过，或者缺陷只是被部分修复，又或者引入了新的缺陷等，只能将服务代码打回给开发人员重新修正。这样一来一回，有时还会有多次反复，可想而知，整体的研发效率始终处于被影响的状态。

基于以上原因，如今很多互联网公司，包括 Google、Facebook 和 eBay

等，都在推行"开发人员自己测试，没有专职测试人员"的"去 QE 化"模式。

8.1.1　"去 QE 化"带来的问题

凡事都有两面性，"去 QE 化"也会带来很多新的问题。

第一，从人性的角度来讲，开发人员通常具备 "创造性思维"，视自己写的代码如孩子一般，怎么看都觉得是完美的；而测试人员则具备"破坏性思维"，测试人员的职责就是要尽可能多地找到潜在的缺陷，所以测试人员往往比开发人员更客观、更全面。

第二，在"去 QE 化"之前，测试工作是由专职测试人员完成的，专职测试人员通常还会负责搭建测试执行环境，例如，对于 Web GUI 测试，最简单的测试执行环境就是计算机本地的浏览器。但是对于大型互联网企业，测试执行环境的搭建就要复杂得多，通常都会部署大型的测试执行集群，我们经常会看到用 Selenium Grid 搭建的 GUI 测试执行环境，或用 Appium 和 Selenium Grid 搭建的移动设备测试集群，这些集群拥有成百上千个执行节点。如今没有了专职测试人员，那么就需要开发人员自己去管理、维护和搭建测试执行环境，这样做其实是得不偿失的，搭建环境的工作量本身并没有减少，只是换了一批人来做同样的事情。开发人员的精力应该用在交付新的业务功能上，而不是维护测试执行环境上。

第三，测试数据准备是测试过程中必不可少的关键步骤，在"去 QE 化"之前，是由测试人员来准备测试数据的。一个原因是，测试人员往往比开发人员在全局层面上更了解被测系统，所以对于测试数据的设计与生成也会更高效；另一个原因是，测试人员在以往的测试过程中已经积累了很多测试数据生成的方法和小工具，准备测试数据的效率较高。如今，这些工作都需要开发人员自己来完成，这无疑进一步加大了开发人员的工作量，而且开发人员往往对跨模块和跨系统的测试数据缺乏系统性的理解，为了生成一条不属于自己业务领域的数据，也许会花费大量的学习时间。这种情况在目前主流的微服务架构中会更严重，因为产生一条测试数据可能需要依次调用很多个服务。

第四，对于拥有不同技术栈的业务开发团队，团队内使用的自动化测试框架也可能各不相同。在"去 QE 化"之前，各种不同的测试框架与 CI/CD 的集成，都是由各个业务团队的测试人员和 DevOps 人员共同完成的。如今没有了专职测试人员，这部分工作需要开发人员和 DevOps 人员配合完成，这就要求开发人员不仅要非常熟悉自动化测试框架的细节，还必须了解 CI/CD 的流水线设计及脚本设计，这些工作在很大程度上分散了开发人员的精力，对提升研发的效能是非常不利的。

以上这些问题，都会直接或间接地影响开发人员工作的进度和效率，那么我们应该如何解决这些问题，或至少在一定程度上缓解这些问题呢？下面我们进入工程建设的环节。

8.1.2 "去 QE 化"的工程建设

"去 QE 化"的工程建设思路就是，要在"去 QE 化"的大背景下，将开发人员从非业务功能开发相关的事务中解放出来，这些事务由"工程效能"服务来统一支撑。这个思想和目前非常流行的 Service Mesh 的设计理念不谋而合，Service Mesh 的设计理念也是设法将开发人员的精力集中在业务功能的实现上，无需关心服务的通信方式和服务治理逻辑，Service Mesh

会以对业务应用透明的方式来实现它们。

那么接下来的问题是，由谁来提供这些"工程效能"服务是最合适的呢？读者可能已经联想到，在"去 QE 化"的背景下，将团队中的测试工程师转型为工程效能工程师，是最简单有效的方法。

下面，我们一起来看一下某家大型全球化电商公司的测试团队在成功转型为工程效能团队之后，所建立的一个非常成功的测试服务化体系，这一体系大大提升了开发人员自测的效率。

建立测试服务化体系的目标是，所有测试环节的基础设施均以服务化的形式对外赋能。其中，每一类服务都完成一类特定功能，这些服务可以采用最适合自己的技术栈独立开发和独立部署，服务之间通过与具体语言无关的通信协议进行交互。

图 8.1 是该电商公司践行测试服务化理念所构建的全局测试基础架构

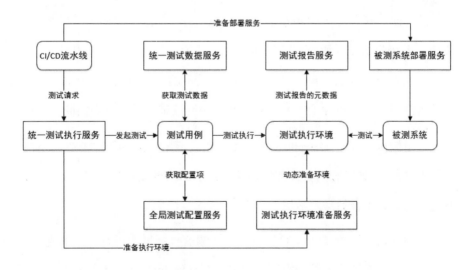

图 8.1　大型全球化电商公司的全局测试基础架构设计

设计，包括了 6 种不同的测试服务，分别是统一测试执行服务、统一测试数据服务、测试执行环境准备服务、被测系统部署服务、测试报告服务，以及全局测试配置服务。

这些服务所构成的体系基本覆盖了所有重要的测试工作环节，能够显著地提升测试效率。

接下来，我们对各个测试服务的内容进行展开，探究更细节的内容。

统一测试执行服务

统一测试执行服务的作用是，在测试用例和 CI/CD 流水线之间架起一座桥梁，通过服务化的方式接收用例触发的请求，并将结果输出至 CI/CD 流水线中。特别地，该服务还集成了测试版本管理、分类和批量执行用例，以及测试执行结果管理的功能。

统一测试执行服务的基本设计思路是：数据与脚本解耦，用例与驱动解耦。所有测试数据均通过统一测试数据服务去掌控，而用例本身与驱动用例的逻辑也进行了分离。这样做的好处是，测试人员只需要专注于编写测试用例，具体的执行工作可以完全交给统一测试执行服务去完成。

在用例执行层面，统一测试执行服务通过调用 Jenkins 的 RESTful API，利用 Jenkins 的调度能力执行测试，并将返回的结果按各个维度（业务、类型、时间等）聚合后呈现给用户。

特别地，统一测试执行服务还会针对测试执行过程进行一定的优化，例如，如果一次触发大量的用例，则可能会导致 Jenkins 崩溃，我们会在统一测试执行服务上进行流量控制，确保测试执行请求以可控的速率到达

Jenkins。

另外，统一测试执行服务能够方便地将测试执行的过程集成到 CI/CD 流程中，方便流水线管理。

统一测试数据服务

在第 5 章中，我们对造数能力进行了详细介绍，统一测试数据服务集成了接口造数、异步造数和黄金数据集这三项造数能力，通过服务化的形式对外提供功能。任何测试人员或测试平台，都可以通过 RESTful API 调用统一测试数据服务，由其选择最佳策略生成（或选取）数据。而具体的测试数据创建或者搜索的细节，对于使用者来说是无感的。

在统一测试数据服务内部，会自带独立的数据库来管理测试元数据，并提供诸如测试数据自动补全、测试数据质量监控等高级功能。

更细节的内容，读者可以回顾第 5.1 节的内容。

测试执行环境准备服务

我们这里谈到的测试执行环境是狭义的概念，特指执行测试的服务器集群，对 GUI 自动化测试而言，指的是 Selenium Grid（分布式 Selenium 测试集群）；而对 API 自动化测试而言，指的是实际发起 API 调用的服务器集群。

测试执行环境准备服务的策略共有两种：第一种策略，由统一测试执行服务根据测试负载的情况，主动调用测试执行环境准备服务来启动新的测试执行机，比如，启动并挂载更多 Node 到 Selenium Grid 中。

第二种策略，测试执行环境准备服务不直接与统一测试执行服务交互，而是由前者根据测试负载来动态计算执行测试的服务器集群规模，并完成测试执行集群的扩容与缩容。

这两种策略各有利弊，第一种策略的发起方是统一测试执行服务，优点是能够更快速地完成扩容工作，缺点是由于测试过程中可能会出现其他不可控的因素（例如某些用例的执行时间意外增长），因此存在一定的风险。第二种策略的发起方是测试执行环境准备服务，优点是能够动态调整测试集群规模，风险更可控，缺点是实现较为复杂。

在实际工作中，针对稳定性更好的 API 自动化测试，应用第一种策略；针对稳定性相对较差的 GUI 自动化测试，应用第二种策略。

被测系统部署服务

接下来，我们看一下被测系统部署服务，这是一个很简洁的服务，主要功能是部署被测系统和周边软件。使用时直接调用 DevOps 团队提供的软件安装和部署脚本即可，不过要注意以下两个要点：

- 对于可以直接用命令行安装和部署的软件，一般只需要将这些命令行组织成脚本文件即可，但要注意加入必要的日志输出和错误处理，以免造成排障困难。

- 对于必须通过图形界面安装的软件，需要找出静默模式（Silent Mode）的安装方式，然后通过命令行进行安装。

被测系统部署服务可以植入 CI/CD 流水线中，直接以 RESTful API 的形式调用。这种做法最大的好处是，可以实现测试用例执行和安装部署工作的解耦。这样，两者均能专注于自身的逻辑实现和工作内容，达到更高的效率和产出。

测试报告服务

测试报告服务也是测试服务化体系的重要组成部分，它的主要作用是为测试提供详细的报告，以便事后分析和追溯。

测试报告服务的实现原理与传统测试报告的区别较大。

传统测试报告通常直接由测试框架生成，例如，TestNG 和 HttpRunner等框架，在测试执行完成后，都会自动生成测试报告。换言之，测试报告与测试框架是捆绑在一起的。

对于大型全球化电商公司，由于公司的质量保障工作涉及不同类型的测试（如 API 测试、GUI 测试、App 测试等），所以测试框架本身就具有多样性，从而导致测试报告也是多种多样的。测试报告服务的设计初衷，就是希望统一管理这些形式多样的测试报告，同时希望可以从这些测试报告中提炼出面向管理层的通用统计数据。

为此，测试报告服务的实现中引入了一个 NoSQL 数据库，用于存储不同类型的测试报告元数据。在实际项目中，我们会对每个需要使用测试报告服务的测试框架都进行改造，使其在完成测试执行工作后，通过服务调用的方式将测试报告的元数据存入测试报告服务的 NoSQL 数据库中。这样，当我们需要访问和追溯测试报告的时候，就可以直接从测试报告服务中提取所需信息。

此外，由于各种测试报告的元数据都存储在这个 NoSQL 数据库中，所以我们可以开发一些用于分析统计的功能，帮助我们获得与质量相关的信息的统计数据。

测试报告服务的主要使用方是测试工程师和统一测试执行服务。统一测试执行服务通过调用测试报告服务的接口获取测试报告，并将其与测试执行记录绑定，以便追溯；而测试工程师则可以通过测试报告服务这个单一的入口，获取所需的测试报告。

全局测试配置服务

我们将要介绍的最后一个服务被称为全局测试配置服务，这个服务的设计目标是解决测试配置和测试代码的耦合问题。为了便于读者理解，我们直接来看一个实例。

大型全球化电商公司在全球多个国家设有站点，这些站点的基本功能和业务流程是相同的，只是在某些细节上会有地域差异，例如不同国家的语言描述、货币符号、时间格式，等等。

假设我们在测试脚本中设计了一个 getCurrencyCode()函数，这个函数能够根据国家名称返回相应的货币符号，那么我们可以想象，在这个函数内部势必会存在很多 if-else 语句。如图 8.2 中的"Before"代码段所示，getCurrencyCode()函数内部一共有 4 个条件分支，如果当前国家是德国（isDESite）或者法国（isFRSite），那么货币符号就应该是"EUR"；如果当前国家是英国（isUKSite），那么货币符号就应该是"GBP"；如果当前国家是美国（isUSSite）或者墨西哥（isMXSite），那么货币符号就应该是"USD"；如果当前国家不在上述范围中，那么就抛出异常。

上述函数的逻辑实现本身没有什么问题，但是当我们需要添加新的国家和新的货币符号时，就需要添加更多的 if-else 分支。随着需要支持的国家数量日益增多，代码的分支也会越来越多。更糟糕的是，当添加新的国家时，我们会发现有很多地方的代码都要加入分支处理，可维护性很差。

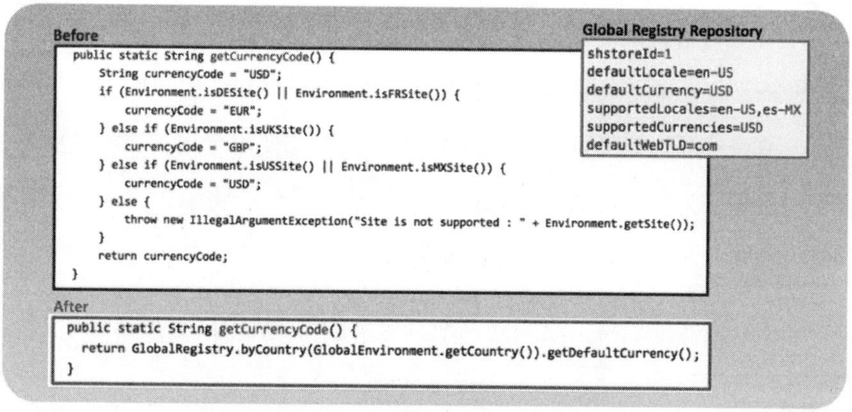

图 8.2　全局测试配置服务的原理示例

　　这个问题本质上是由配置和代码的紧耦合造成的，我们之所以要处理这么多分支，无非是因为不同的国家需要不同的配置值（在这个实例中就是货币符号）。如果我们将配置值从代码中抽离出去，放到独立的配置文件中，通过读取配置文件的方式动态获取配置值，那么就可以做到在添加新的国家时，不需要修改代码本身，而只需要加入一份新的国家的配置文件就可以了。

　　我们再来看一下图 8.2 中的"After"代码段，以及图中右上角相应的配置文件。这段代码的实现逻辑是，通过一个被称为 Global Registry 的服务结合当前测试上下文的国家信息来读取对应国家配置文件中的值，例如 GlobalEnvironment.getCountry() 的返回值是"US"，也就是说当前测试上下文中的国家是美国，那么 Global Registry 服务就会去"US"的配置文件中读取配置值，返回"USD"。配置与代码分离的好处是显而易见的，假定某天我们需要增加日本这个新的国家的时候，getCurrencyCode() 函数本身不需要做任何修改，只需要增加一个"日本"的配置文件即可。

介绍完全局测试配置服务的实现原理和基本思路，我们沿用测试服务化的思路，将全局测试配置服务功能通过 Restful API 的形式来提供。这样，任何一种测试框架都可以通过 HTTP 请求的方式使用全局测试配置服务的功能。此外，为便于配置文件的版本化管理，我们会将配置文件一并存储在代码仓库中，形成 Global Registry Repository，统一管理和跟踪。

基于上述实现思路，全局测试配置服务的架构如图 8.3 所示。

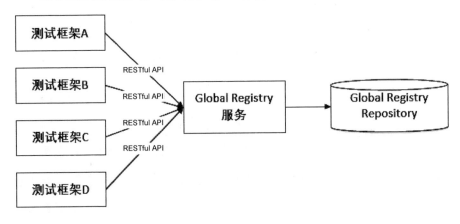

图 8.3　全局测试配置服务的架构

通过上面的介绍，我们已经了解了大型全球化电商公司基于测试服务化理念构建的测试基础架构全集，并对其中 6 个测试服务的作用及其实现思路做了深入讲解。现在我们将这些服务串联起来，理解一下整个测试服务化体系的工作过程。

回顾图 8.1，我们以 CI/CD 作为整个流程的起点，CI/CD 流水线脚本会以异步或同步的方式调用被测系统部署服务，部署被测系统的正确版本和周边软件。这里，被测系统部署服务会访问对应软件安装包的存储位置，将安装包下载到被测环境中，并调用对应的部署脚本完成被测软件的安装。

然后，CI/CD 脚本中会启动被测软件，并验证新安装的软件是否工作正常，如果一切顺利，那么被测系统部署服务就完成了任务。

这里需要注意两点：

- 如果 CI/CD 流水线脚本以同步方式调用被测系统部署服务，那么只有当部署、启动和验证全部通过后，被测系统部署服务才会返回部署成功的信息。此时，CI/CD 流水线脚本才能继续执行。

- 如果 CI/CD 流水线脚本以异步方式调用被测系统部署服务，那么被测系统部署服务会先返回结果（此时部署尚未完成），待部署、启动和验证全部通过后，再以回调的形式通知 CI/CD 流水线脚本。

被测系统部署完成后，CI/CD 流水线脚本就会调用统一测试执行服务。统一测试执行服务根据之前部署的被测软件版本选择对应的测试用例版本，并从代码仓库中下载测试用例的 JAR 包。然后，统一测试执行服务将测试用例的数量、GUI 测试对浏览器的要求，以及其他测试环境参数，统一输入至测试执行环境准备服务。

测试执行环境准备服务根据接收的参数，动态计算所需的 Selenium Node 类型和数量，然后根据计算结果动态加载更多的 Selenium Node 到测试执行集群中。由于动态 Node 加载是基于轻量级的 Docker 技术实现的，因此启动与加载速度都非常快。也正因如此，统一测试执行服务通常以同步的方式调用测试执行环境准备服务。

测试执行环境准备完成后，统一测试执行服务就会通过 Jenkins Job 触发测试，并调用统一测试数据服务来准备测试需要用到的数据，同时通过全局测试配置服务获取所需的配置与参数。

测试执行结束后，测试用例会自动将测试报告元数据上报给测试报告服务进行统一管理，完成整个体系的流程闭环。

8.2　CODING 团队的组织效能变迁

随着互联网公司对精细化管理的逐步重视，我们愈发意识到软件团队的组织方式往往会成为产能的核心掣肘，适合团队发展的组织形态会随着各种因素的变化而变化。这里，我们以 CODING 团队在不同阶段的组织架构与研发流程变革为例，来展示组织效能的变迁过程。

先了解一下背景，CODING 团队主要负责一站式软件研发协作管理平台的开发，该平台提供从需求、设计、开发、构建、测试、发布到部署的全流程协同及研发工具支撑。

8.2.1　作坊式的团队组织

在最初进行 CODING 相关产品的设计与研发时，团队成员脑海中的产品蓝图是，开发者在一个统一的平台讨论需求、布置任务、写代码、改代码、演示代码，以及完成相关任务，所有开发操作都被整编在一起，团队所构建的理想产品模式是"轻量级的任务管理+讨论+代码版本管理+演示平台"。在这个模式下，产品经理会把任务指派给设计师，设计师完成设计后由产品经理进行验收，验收完毕后再把任务指派给研发人员，研发人员编码完成并推送代码后，产品经理就可以在演示平台上看到最新的产品功能并进行验收。这是一套非常适合小团队的工作模式，流程简单，反应快速，CODING 团队内部的研发工作也基于这种模式，支撑产品前期的快速起步、快速上线、快速响应反馈的开发节奏。

这种模式之所以在当时 CODING 团队的运作效果很好，是因为它非常符合团队的特点——人数相对有限，技术人员基于单仓库编写单服务，需求也不是非常多。但很快，情况就发生了变化。

8.2.2　"稍微"敏捷的团队组织

随着 CODING 业务的发展，CODING 的产品线越来越多，团队也越来越大，当团队规模达到百人的时候（其中 60% 都是研发人员），我们逐渐发现团队的管理效果开始变差，产品的上线质量非常依赖部门技术主管的管理能力和开发者的自我修养。此时，为了保证产品质量能够达到用户的预期，团队开始制定大量的流程和规范，但这一做法的副作用也是很明显的，交付进度和交付吞吐量受到了较大的影响。这一点一度让团队管理者十分苦恼，创业公司或者小型团队的优势在于极高的效率与极快的产品迭代，但如果在发展的过程中丢失了这样的优势，就很容易被其他团队超越。

在第 2 章中，我们提到过《人月神话》中的著名论断："向进度落后的项目中增加人手，只会使进度更加落后。"简单地增加团队人数并不能改善我们面对的局面，我们其实需要的是更多更小的团队，即通过将团队分成若干内部闭环的小团队来降低沟通成本。于是，就有了一个"稍微"敏捷一点的组织架构，如图 8.4 所示。

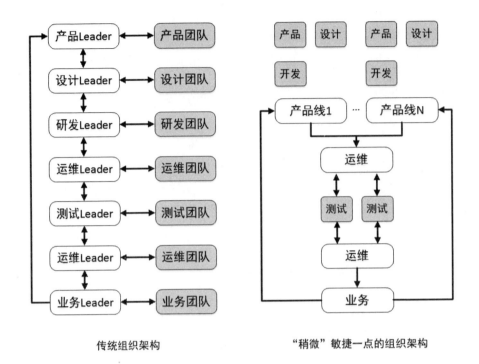

图 8.4 "稍微"敏捷一点的组织架构

　　但是，这种组织形态的敏捷程度并不是很彻底，其核心瓶颈在于运维工作。考虑到产品在线上运行的稳定性要求，以及各系统间的耦合程度，我们无法将运维工作也一并拆分到各个团队中去。这样造成的结果是，各个产品线虽然有独立的产品经理、设计师和研发人员，但需要共同的运维人员协助部署测试环境，再交由测试人员进行验收，其中势必会存在大量无谓的等待时间，如图 8.5 所示。

　　同时，由于职能和目标不同，研发人员与运维人员的矛盾也日益加深，互相都认为对方的基础工作没有做到位，于是团队再次陷入困境。

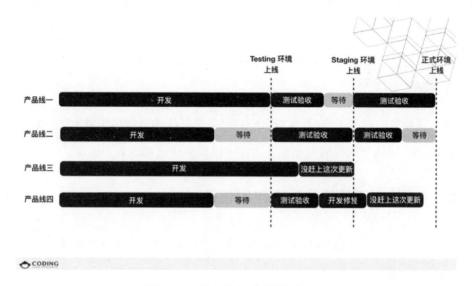

图 8.5 流程中存在无谓的等待时间

8.2.3 产品制的团队组织

我们在与用户的交流中发现，这也是大多数团队的共同苦恼，究竟如何组织团队才能最大化地提升研发效能？如何平衡好团队各角色之间的工作和输出？

研发更好的工具是一个办法，但更重要的是组织方式的改变，在上面谈到的"'稍微'敏捷一点的团队组织"的建设过程中，我们逐步形成了"产品经理负责产品价值产出"的团队文化。具体来说，由产品经理全权决定产品方向，同时为产品负责，由产品经理管理开发团队，以便快速决策和快速验证。在这个思路的引领下，我们希望将测试及发布的工作也纳入产品团队中，达成产品团队完成价值交付的目标。

于是，在组织架构上我们按照产品线拆分出不同的研发部门，每个研发部门都拥有产品、研发、设计、测试的全功能团队。在技术架构上，我们将单仓库、单服务拆分成多仓库、微服务，以支撑各团队自行发布。在工具平台上，我们研发了 CODING DevOps 的 CD 产品，将发布权限下放给各个研发部门。

逐步完成以上工作后，CODING 每条产品线均可做到按需上线，整个CODING 团队平均每周发布近百次，可以做到快速响应客户需求。

8.2.4　基于工具优化助力组织建设

好景不长，当 CODING 团队的规模达到 200 人，开始向 300 人进发的时候，又遇到了新的问题。

随着产品线的不断增多，共用的测试环境脆弱不堪，如果让每个团队各自维护自己的测试环境又会有实时性和可靠性的问题。除了测试环境，开发环境的问题更甚，因为当时团队使用云主机来支撑开发和调试工作，研发人员需要掌握的知识要求高、开发环境和生产环境的差异巨大、配置难以管理，这些问题让研发人员怨声载道。此外，新加入团队的员工往往需要很长时间才能完成开发环境的正确配置，极为痛苦，当时新员工反馈最多的问题就是开发体验差的问题。

为了解决这些问题，CODING 团队自研了一套开源工具 Nocalhost。如图 8.6 所示，Nocalhost 支持在 Kubernetes 的基础上快速部署、开发和调试应用，并为每位研发人员提供专属开发空间，研发人员可以选取某个微服务切换成开发模式，继而实现 IDE 直连集群、热重载代码快速检视运行结果等功能。

图 8.6　Nocalhost 的使用界面

通过工具优化助力组织建设，CODING 研发人员在开发过程中的反馈循环由 5 分钟缩短到 1 秒，新员工入职公司当天就可以开发代码，开发体验得到很大改善。

8.3　大型通信行业公司的研发效能提升实战案例

本案例基于某大型通信行业公司内部项目的研发效能提升实践，从实战角度为读者展示研发效能提升在公司落地的全过程。

由于这家大型通信行业公司的外部客户众多，因此其项目背景比较复杂，一般都会涉及十几个业务团队和若干外部合作方。从历史经验看，公司项目的研发周期长期处于不可控状态，人员压力大，管理混乱。经过整理归纳，主要存在的问题如下：

- 公司新人多，对业务和项目流程不熟悉，而老员工长期受制于高压力和项目快速迭代的"压迫"，无法为新人提供足够的指导，形成恶性循环，造成人员流失严重。

- 公司项目的外部合作方多，业务链路上的依赖项纷繁复杂，很容易出现一个依赖出问题从而阻塞整个项目测试工作的情况。

- 没有规范的项目管理体系联动项目各成员，导致大家各自为战，最终的结果是 1+1<2。

由此可见，在缺乏全局管理和缺乏对研发效能的投入的情况下，快速交付高质量的产品成为空谈。那么如何解决研发效能低下的问题呢？下面我们进行实战讲解。

8.3.1　DevOps 实践

在这家大型通信行业公司的研发效能提升工作中，我们第一步考虑的是如何消除各个团队之间的协作壁垒，因为这是研发效能低下最原始的阻碍。于是，践行 DevOps 实践，打通端到端的交付价值流体系，就成为首当其冲的改进项。下面，我们从分支模型、持续集成、持续交付和持续测试这四个方面来了解一下具体的改进内容。

首先是分支模型，分支模型对一家公司的研发效率影响非常大，分支模型选择不当很容易造成研发流程的混乱。通过分析该公司的项目现状，我们发现公司项目参与人员众多，发版时间不固定（经常受制于客户需求），而且需要同时维护多个版本，复杂度很高。考虑到这些因素，公司最终选择 Git Flow 作为分支模型，其中，master 分支和 develop 分支作为两个受保护的分支，分别用作版本发布和基准开发分支，其余分支均根据 Git Flow

的策略向这两个分支合并。公司还特别安排了一位熟悉 Git Flow 分支模型的资深员工，全程跟进代码分支管理，帮助技术团队培养习惯。

其次是持续集成，由于公司使用 GitLab 进行代码托管，于是直接通过 GitLab CI/CD 建立流水线，将代码编译、构建和自动化测试工作串联起来。其中尤为重要的是，公司在流水线中集成了静态代码扫描工具，将那些不符合规约的代码和潜在的缺陷在第一时间暴露出来，如果其中的高危问题没有修复，则无法进入后续流程，此外还能度量团队的代码质量。而对于单元测试，考虑到团队的历史包袱较重，公司并没有强制规定覆盖率指标，而是将覆盖率数据在流水线中暴露出来，供各个团队参考。最后，流水线还对代码版本进行了管控，使其符合公司的版本递增规则。

下一项工作是持续交付，公司除将持续交付和上面提到的持续集成进行连接，使用户可以在第一时间看到交付产物外，还针对部署工作进行了优化。在推动这项优化之前，公司项目的部署都是通过直接打包代码并上传至虚拟机来完成的，这种做法不仅人力成本高，而且几乎没有可扩展性，一旦服务集群中的节点数量增多，人工部署便无以为继。因此，对部署工作的优化重点就是提效，公司采用 Kubernetes 作为容器化部署的基础设施，上层使用 Rancher 作为容器管理平台，供技术人员自助完成快速部署，及时将产品交付给用户。

最后，我们来看一下持续测试，践行持续测试的前提是自动化测试，同样考虑到历史包袱，公司并没有推行自动化测试的全面覆盖，而是针对核心业务流程编写了端到端的自动化测试用例，以及针对重要接口编写了接口级别的自动化测试用例。我们可以从这两组自动化测试用例中选取最核心的测试集作为每次代码提交时的"守门员"，集成进 CI/CD 流水线中，这样可以快速地将代码问题拦截在早期。同时，将这两组自动化测试用例在项目集成阶段全量执行，形成有层次的持续测试体系。

总结一下，通过一系列的 DevOps 实践，我们不仅打通了各团队之间的壁垒，也将众多复杂的单项工作集成进流水线以自动化的方式执行。即便是一位新员工，只要熟悉了这条流水线，也就掌握了项目的所有工作环节。

8.3.2　敏捷开发实践

在项目管理方面，公司之前采用的是瀑布模型开发模式，它的弊端是很明显的，瀑布模型中的各工作环节固定且逐层递进，应对变化的能力极差，而公司的业务需求变化又比较多，导致了大量的返工和重复设计。此外，位于模型下游的测试工作经常要等到后期才能进行，此时工期已经非常紧张，如果同时伴随着多个项目密集提测，那么测试人员的压力和工作强度往往会直线上升，最终的结果就是质量无法保障，人员也大量离职。

正是存在着这些根深蒂固的问题，公司下决心推行敏捷开发模式，按照业务领域将团队分为几个敏捷小组，每个小组严格按照 Scrum 模式，在每个 Sprint 周期内执行 Sprint 计划会、每日站会、迭代评审会和迭代回顾会。同时，考虑到团队在转型敏捷开发过程中，开发人员容易产生疑问，甚至产生抵触情绪，公司在一些重要的项目中安排了一位敏捷教练，为团队提供敏捷实践的各项支持，帮助团队成长。

团队在践行敏捷开发的自组织过程中，也诞生了不少优秀的实践案例，这里我们也将这些案例提供给读者学习。

第一个优秀实践案例是关于如何解决项目排期不准确的问题，团队在转型敏捷开发之前，排期时间极不准确，导致提供给用户的交付时间几乎没有参考意义。经过分析，排期时间不准确的主要原因在于产品经理对业务需求的描述过于简略，开发人员在一知半解的情况下进行编码，在编码过程中再与产品经理反复沟通，导致估算的时间不足。

为了解决排期时间不准确的问题，我们引入了一个被称为 GTSS（Get the Story Straight）的全新敏捷实践。它的具体做法是，在 Sprint 计划会之前，产品经理和项目负责人先将业务需求拆分为粗粒度的 Story，然后召开一次 GTSS 会议，会议只有一项内容，那就是对这些 Story 进行详细描述，确保该项目的所有参与人员都正确理解了需求的各个细节。有了这个基础，后续召开 Sprint 计划会议进行排期的时候，就能规避由于需求理解偏差而导致的工作量估算不准确的问题。

第二个优秀实践案例体现了回顾和反思的重要性，对应 Scrum 中的迭代回顾会。迭代回顾会由敏捷教练主持，项目负责人回避，会议在轻松的氛围下进行，每位项目成员会拿到一张红纸和一张绿纸，分别需要写出三条在这次迭代周期内团队做得好和做得不好的地方。敏捷教练在统一汇总这些信息后，引导团队畅所欲言，在充分暴露问题的同时，也能分享好的实践。最后，敏捷教练将讨论结果匿名转达给项目负责人和各团队的高等级负责人，作为他们的改进项和参考点。

在成功试点了若干次迭代回顾会以后，团队成员发现他们提出的问题确实有了改观，一些优秀的做法也得到了肯定，这进一步打消了团队成员的顾虑，之后的迭代回顾会上甚至出现了各员工争相发言的"盛况"。迭代回顾会的成功实施，对敏捷团队的不断改进起到了重要作用，营造了积极、充满正能量的团队气氛。

8.3.3　研发效能的度量

经过一段时间的 DevOps 和敏捷开发实践，团队的工作模式和气氛都有了积极的变化，那么如何将研发效能提升的成果和价值呈现出来，继而推动研发效能的持续改进呢？答案就是进行体系化的研发效能度量。

公司的研发效能度量以价值流为主线，关注端到端的流动效率，也就是说需求在参与项目的各个团队间流转的速度。公司最为重视的三个核心指标是交付速度、交付质量和业务价值。其中，交付速度和交付质量是研发效能度量的重点，业务价值则通过客户满意度调研的方式呈现。

对于交付速度，公司首先通过累积流图的形式，在整体上把控项目每个阶段的状态，从需求产出、用户故事创建到开发、测试、上线发布及验收，均纳入度量的范围。然后，基于每个环节都增加度量的要素。例如，在开发环节记录代码构建时长、代码门禁检查时长、提测准时率等指标；在测试环节设置缺陷周转时长，包括缺陷修复时长和缺陷验证时长等指标。这种层次化的度量形式为快速发现和响应问题带来了巨大的帮助，我们可以先通过累积流图明确是哪个环节的研发效能出了问题，再通过细分指标分析具体问题，并有针对性地予以解决。

对于交付质量，团队设置了静态代码检查高危问题数、缺陷密度、测试覆盖率、线上漏测率等指标，并且针对这些指标的度量策略进行环比，也就是"自己和自己比"。这项环比策略非常重要，因为不同的项目和业务领域会有一些客观的区别，比如有些业务的实现逻辑非常复杂，有些项目的第三方交互特别多等，如果一定要进行横向同比，结果往往并没有什么说服力。环比是更科学的交付质量度量方式，在每个项目和业务领域提升自身质量后，整体质量也一定会得到提升。

以上所有研发效能度量指标都被集合在一个统一的看板中展示，这个看板用于数据采样、数据聚合和数据可视化展示，并提供便捷的环比功能。它不仅是管理者观察研发效能提升成果的窗口，也是团队进行过程改进的有力支撑。

最后，将客户满意度作为业务价值度量的"北极星指标"，体现了公司对产品服务用户的极致追求，这是公司推动研发效能提升的最终目的。

8.3.4　案例总结

通过上述一系列的改进措施，公司的研发效能得到了较好的改善，在人员未大幅增加的情况下，需求吞吐量较改进前增加了 50%，交付准时率由 70%上升到 96%，同时线上的高危问题数也呈下降趋势，做到了"又快又好"。

更为重要的是，伴随着研发效能的提升，团队的工作模式由原先的密集赶工转变为有规划的工作模式，团队成员的工作压力减轻了，团队氛围也更积极了。最终，为公司带来了 1+1>2 的效果。

8.4　某大型金融行业公司的性能测试提效之路

本案例将从实战角度阐述某大型金融行业公司（以下简称 A 公司）的性能测试提效之路，展示其在性能测试团队、基础平台建设、性能测试体系建设这三方面的实践内容和效果。

8.4.1　背景与挑战

A 公司作为金融行业的头部企业，在性能测试领域始终投入较大的成本和精力推动团队建设、平台搭建和体系规范的落地。2018 年，A 公司面临全面的数字化转型，重在转变增长方式、优化业务结构和转换发展方向，由于业务结构的转型，使得 A 公司的测试团队在组织结构上需要拆分为三个业务测试团队。同时新模式业务的特性及微服务架构的全面推广对性能测试的效率要求越来越高，原有的测试方式及团队难以支撑敏捷化的性能测试需求。主要的难点如下：

- 公司业务场景多、复杂度高，目前的测试工作大多是手工操作，测试成本高，大量时间消耗在重复的操作上。同时，测试资产管理成本也较高，资产复用率较低。此外，受限于测试时间不足，性能测试只能覆盖部分重要的核心系统。

- 公司业务并发量大，缺乏大规模流量模拟能力，而且由于业务流程经过多个系统流转，数据链路复杂，监控成本高，所以问题追踪定位困难，性能调优基本靠开发人员人工定位。

- 大型活动较多，且活动力度较大，导致服务系统经常需要承载上千万用户的业务访问量，传统压测工具难以实现分布式施压和快速定位问题。

- 流程过于机械，管理团队需投入大量时间对测试脚本、场景、结果及报告进行审核，由于金融行业的特点，难以实施抽检式检查。

- 测试人员的技能基础参差不齐，传统压测工具对从业人员要求较高，性能测试及分析能力无法实现快速复制，无法满足业务高速增长下的测试需求。

8.4.2　基础平台建设

工欲善其事，必先利其器。一个全面易用的性能测试平台能为性能测试提效提供扎实的基础。我们可以从基础能力和管理能力两方面来看待一个平台的能力。

对于基础能力，平台需要保障性能测试人员能够快速地完成测试任务的准备、执行、性能数据展示及整合，同时还需要保障在多用户模式下的压力机资源调度及多任务同时执行的并发要求。

对于管理能力，平台需要满足不同用户的统计需求，针对性能测试人员，能通过平台能力规范其测试流程；针对组长或技术经理，需要满足其在不同时间、不同视角的数据分析，用于管理和决策。

在上述能力的基础上，我们还希望平台能够具备数字化能力、流程化能力、智能化能力、自动化能力、敏捷化能力和服务化能力。

- 数字化能力：性能测试从规划到最终出具报告，整个过程中都会产出大量的数据资产，通过性能测试平台搭建，将性能测试的过程资产实现数据化和可视化，实现测试场景和脚本的共享，减少相同工作的重复劳动投入，形成可复用的测试资产，提升整体的测试执行和分析效率。

- 流程化能力：又称为规范化能力，在传统的性能测试工作中，测试规范往往依赖于测试人员的经验去遵守，如环境检查、数据检查等。如果能够通过平台进行规范约束，就能大幅度减少无效测试的执行，确保测试数据的一致性，从而更精准地支撑生产环境容量的评估和系统稳定性。

- 智能化能力：性能分析是性能测试阶段最核心的内容之一，性能分析对专业人员的依赖性较强。以 A 公司为例，70 人的测试团队中仅有 4 位分析专家，无法完成全面的分析工作，仅能针对少量高危问题进行性能定位。因此，平台针对性能问题的智能化分析的能力就变得至关重要，将分析能力平台化，提供标准的分析流程操作，为每个测试人员提供容易理解的性能分析思路和操作，整合收集用户体验指标、架构治理指标、应用代码层指标，自上而下、快速地完成性能定位。

此外，对于企业级的 Java 应用，平台还需要提供基于 JVM 的底层定位能力，从线程、内存对象、源码等维度为分析专家提供一站式的统计分析支撑，这样不仅可以提升分析效率，在跨部门沟通时也能提供自用户现象至源码层的全量数据，减少沟通成本，提升协调分析的效率。赋予团队内部"基础问题快速定位、底层问题深度分析"的能力，在根本上解决定位难、沟通难、培养难的问题。

- 自动化能力：在性能测试过程中，测试人员每天面临大量的执行操作，包括脚本书写、脚本调试、监控部署、数据采集、问题分析、数据导入、报告制作等，这其中存在大量的重复劳动。通过建设平台自动化的相关能力，一键式完成调试、场景创建、数据采集、图表生成、自动化报告等工作，在提升性能执行效率的同时，解放测试人员的时间和精力，提升测试专注度。

- 敏捷化能力：在 4.8 节我们介绍了 DevPerfOps 的实践，随着 DevOps 技术的发展，平台也需要融入 CI/CD 过程中去承载性能测试活动。在流程上需要完成上下游的衔接，自上能对接需求及集成平台，自下能对接发布平台，进而完成性能测试的高效实施。

- 服务化能力：随着性能意识的提升，为了更好地达成测试覆盖的广度和深度，人们对平台的要求不仅仅只是满足测试团队使用，还需要能够赋能给开发和运维人员，实现对软件全生命周期各个环节的服务。

以上这些能力是基于 PerfMa 的 XSea 压测平台和 XLand 性能分析平台，融入 A 企业 DevOps 体系所实现的。

8.4.3　性能测试体系建设

无规矩不成方圆，平台能力的建设以"提质增效"为核心目标，流程体系则为指导方针，两者相辅相成，最终通过平台能力落地。

A 公司是标准的甲方加多个乙方的组织架构，不同外包厂商测试人员的技术水平参差不齐，行为规范也不尽相同。因此，推动性能测试体系的建设，能更好地保障性能测试执行的效率和规范性，确保各项目组的测试活动按照统一规范展开。

我们先从性能测试理论体系的角度，结合 A 公司的实践，梳理几个要点。

业务模型

业务模型是指通过各种不同的建模规则对历史数据、相似系统及未来系统的状况进行分析，获取尽可能真实的业务场景。建模方法包括：

- 通过历史数据分析应用高峰状态和平峰状态，通过对生产环境上的业务数据进行加工获取业务模型。

- 分析相似系统的应用高峰状态和平峰状态，通过相似系统类比得出该系统的业务模型。例如：银行的核心系统可以根据之前测试过的类似系统的情况进行分析，获取需要的业务模型。

- 预测分析未来应用的高峰状态和平峰状态，通过对未来业务量的预测分析，获取需要的业务模型。

业务模型的建立需遵循以下规则，通过这些规则可以更准确地获取业务模型中可能会影响系统性能的关键要素：

- TOP10 规则：获取高峰时间段中占总量最大的 10 个功能的规则。

- 最重要功能点规则：业务模型中必须包括系统中最重要的账务类交易。

- 子系统覆盖率规则：业务模型的选取必须覆盖涉及系统群中的众多子系统，达到一定的覆盖率。

- 性能测试的 2/8 规则：通常，性能问题的 80%存在于 20%的软硬件中，对于业务模型的选择，必须遵循这个规则。

数据模型

数据模型是指在性能测试过程中，需要模拟系统在实际生产环境上的数据使用情况，它包括数据库中的基础数据和业务数据。基础数据是指被测系统在生产环境数据库中已经存在的数据；业务数据是指业务模型中各个功能点所需要使用的执行数据，这些数据必须尽可能地贴近真实场景去生成，下面是一个示例。

- 功能：保单交易

- 数据内容：用户账号

- 测试数据量：10 万以上

- 场景特点 1：从各市客户随机选取

- 场景特点 2：处于"可用状态"

策略模型

在 A 公司的常规性能测试中，主要进行基准测试、单场景测试、混合场景测试、稳定性测试。以下进行简单介绍：

- 基准测试：在测试环境搭建完成后，即可对业务模型中涉及的每种功能做基准测试。基准测试的目的是检查业务本身是否存在性能缺陷，同时为将来混合场景的测试和分析工作提供参考依据。具体实施方法是使用负载模拟工具编写脚本，从客户端向应用服务器发送交易请求并接收返回结果，在系统无压力情况下重复 100 次，每次迭代间等待 1 秒，取业务方法的平均响应时间作为衡量指标。

- 单场景测试：针对业务模型中的每种功能，利用一定量的并发进行测试，获取其性能表现，并验证功能是否存在并发性问题。具体实施方法是，使用负载模拟工具编写脚本，向系统发送业务请求并接收返回结果，使用逐层递增的并发压力进行测试，找到单功能的性能拐点。表 8.1 展示了一个单场景测试的过程。

表 8.1　单场景测试过程

测试场景/功能	加载/卸载方式	并发数	持续时间	备注
功能点 1	持续加压，保证用户全部正常登录，以 5 个用户/3 秒的速度加载；卸载同理，持续卸载，保证用户全部正常退出	不同用户并发，可根据情况增加或减少并发场景，直到找到系统性能拐点	30 分钟	
功能点 2		不同用户并发，可根据情况增加或减少并发场景，直到找到系统性能拐点	30 分钟	

- 混合场景测试：混合场景测试的目的是验证需求提出的性能要求，结合实际可能的高压力场景，较全面地检测系统的性能表现。混合场景测试采用几个不同的并发用户数对系统发起压力，检验系统性能拐点。表 8.2 展示了一个混合场景测试的过程。

表 8.2　混合场景测试的过程

测试场景/交易	加载/卸载方式	并发数	持续时间	备注
混合交易场景	持续加压，保证用户全部正常登录，以 5 个用户/3 秒的速度加载；卸载同理，持续卸载，保证用户全部正常退出	10、20、30、40、50、60 个用户并发，可根据情况增加或者减少并发场景，直到找到系统性能拐点	每次 30 分钟	如果在测试后发现性能瓶颈，那么由于配置引起的问题，可由项目组调整后再重复一次测试步骤；如果需要修改代码等耗时较长的调优，则安排进行第二轮性能测试执行

- 稳定性测试：稳定性测试是为了检测在长时间的高负载下，平均响应时间、系统处理能力、资源利用率、交易成功率等各项指标变化是否平稳。具体实施方法是使用负载模拟工具编写脚本，从客户端向应用服务器发送交易请求并接收返回结果，按照峰值负载 80%的并发用户量执行测试，执行时间长度设置至少为 24 小时。稳定性测试使用与混合场景相同的业务模型。

监控模型

监控模型是指通过工具对应用、数据库、操作系统及网络的使用情况进行监控，获取在性能测试执行过程中的各项指标。公司主要基于 PerfMa 的 XSpider 平台进行具体的监控工作。

风险模型

风险模型涵盖在性能测试实施过程中可能存在的风险，这些风险主要是由外部因素导致的，而不是应用系统本身的风险。风险模型主要包括：

- 脚本风险：包括加密\解密、安全认证、参数化、循环配置等。

- 数据风险：数据库中的基础数据和性能测试用例所需的测试数据欠缺或不足。

- 业务风险：由于业务人员在前期沟通时没有透露全部信息，导致开发性能测试脚本时遇到业务逻辑不正确或业务数据条件不正确的问题。

- 环境风险：性能测试环境的管理权限问题。

- 监控风险：可能存在不支持监控的情况。

- 版本风险：可能存在代码版本分支控制不合规导致的问题。

讲解完性能测试理论体系和实践后，下面我们再来看一下 A 公司的性能测试流程体系建设。在 A 公司组织架构下，性能测试流程体系共分为六大阶段，性能测试人员需要在各个阶段中完成明确的工作任务，并产出相应的文档材料，用于各流程环节的准入\准出，通过流程体系的建设确保测试结果符合业务预期。表 8.3 展示了性能测试流程体系的全貌。

表 8.3　性能测试流程体系

阶段划分	阶段工作任务	准入\准出
第一阶段	测试规划： ● 项目受理 ● 会议沟通 ● 计划方案编写 ● 计划方案评审	● 《需求调研表》 ● 《会议纪要》 ● 《测试计划》 ● 《测试方案》 ● 《评审意见表》

阶段划分	阶段工作任务	准入\准出
第二阶段	● 测试准备： 　○ 环境准备 　○ 被测系统软硬件 ● 测试平台准备 ● 脚本及场景准备 　○ 数据准备 　○ 基础数据量 ● 测试数据 ● 监控准备	●《测试脚本》
第三阶段	调试与确认： ● 脚本及模拟器调试 ● 脚本评审 ● 测试实施环境确认 ● 数据准备确认	●《实施环境确认表》 ●《脚本确认表》
第四阶段	测试执行： ● 测试执行 ● 结果分析 ● 性能调优	●《测试记录》 ●《缺陷跟踪》 ●《测试结果统计》
第五阶段	报告编写： ● 测试报告编写 ● 调优报告编写 ● 测试报告及调优报告评审	●《性能测试报告》 ●《性能调优报告》
第六阶段	持续改进： ● 汇总测试过程中涉及的各类文档 ● 复盘与跟踪	相关文档留档

8.4.4 案例总结

经过基础平台建设和性能测试体系建设，A 公司的性能测试提效成果是显著的。

通过平台化建设，服务资源支持快速扩容，能模拟百万级压力，满足各种场景、活动的支持。同时实现性能测试零基础人员 30 天快速上手。

通过智能化建设，性能测试执行从单系统压测转变为全链路压测，实现分布式链路追踪，从压测流量入口开始全链路追踪性能，不放过任何应用、中间件、数据库的性能问题，通过平台快速地定位分析瓶颈。

通过数字化建设，实现全量测试资产管理，各系统的压测脚本和场景可以快速复用，不同版本的测试结果可以做基线对比，从而了解系统性能的变化。管理团队可以通过平台对测试工作进行快速检查和复盘，也可以随时了解项目总览。

通过敏捷化和服务化建设，性能测试团队从需求驱动式压测转变为主动进行压测回归的模式。核心系统每两周进行一次性能回归验证，性能测试成为每个系统版本上线的关键检查点。

通过上述工作结合性能测试体系建设，如图 8.7 中的数据所示，A 公司目前已覆盖规模近 4000 台应用服务器的性能测试，累计压测脚本超过 10000 个，累计测试场景超过 3000 个，进行了 30 万余次的压测工作（平均每天压测 300 次），平台为 60 多名性能测试人员及多个研发团队提供 24 小时不间断服务。新的体系建设不仅改变了测试团队与研发团队的协作模式，在资源上也将原来 120 多台压力机减少到 30 多台，同时节省了大量重复烦琐的压测执行工作，摆脱了人工定位性能问题的困境，使测试人员有足够多的精力投入在覆盖更多测试场景等精细化工作上。

图 8.7　通过基础平台建设和性能测试体系建设的成果展示报表

8.5　总结

在本章中，我们对三种不同类型公司的研发效能实践案例进行了详细的剖析和讲解，重点展开这些公司在研发效能提升工作中的思考和演进过程。上山方知山高低，下水方知水深浅，希望读者能够勇于实践，创造属于自己的研发效能最佳实践。

- "去 QE 化"的概念是指没有专职测试人员的研发团队，测试的工作和任务由开发工程师自己来承担，遵循"谁开发、谁测试、谁上线、谁值班"的一条龙原则。

- 开发人员通常具备 "创造性思维"，视自己写的代码如孩子一般，怎么看都觉得是完美的；而测试人员则具备"破坏性思维"，测试人员的职责就是要尽可能多地找到潜在的缺陷，所以测试人员对待代码比开发人员往往更客观、更全面。

- 随着互联网公司对精细化管理的逐步重视，我们愈发意识到软件团队的组织方式往往会成为产能的核心掣肘，适合团队发展的组织形态会随着各种因素的变化而变化。

- GTSS 的作用是对 Story 进行详细描述，确保该项目的所有参与人员都正确理解了需求的各个细节。有了这个基础，后续召开迭代计划会议进行排期的时候，就能规避由于需求理解偏差而导致的工作量估算不准确的问题。

- 累积流图的形式可以在整体上把控项目每个阶段的状态。

- 将客户满意度作为业务价值度量的"北极星指标"，体现了公司对产品服务用户的极致追求，这是公司推动研发效能提升的最终目的。

参 考 文 献

[1] Jr, Frederick P. Brooks. No Silver Bullet Essence and Accidents of Software Engineering[J]. Computer, 1987, 20(4)：10-19.

[2] 车文博. 心理咨询大百科全书[M]. 杭州：浙江科学技术出版社，2001：183.

[3] 莫文. 心理学实验中的各种效应及解决办法[J]. 实验科学与技术，2008(06)：128-131.

[4] 吴军. 反摩尔定律[J]. 中国经济和信息化，2011(18)：76-76.

[5] 吴军. 浪潮之巅[M]. 北京：人民邮电出版社，2013：67-71.

[6] Nonaka I, Takeuchi H. The new new product development game[J]. Harvard business review, 1986, 64(1)：137-146.

[7] Robert C. Martin, Micah Martin. 敏捷软件开发：原则、模式与实践（C#版）[M]. 邓辉，孙鸣译. 北京：人民邮电出版社，2010：4-5.

反侵权盗版声明

电子工业出版社依法对本作品享有专有出版权。任何未经权利人书面许可，复制、销售或通过信息网络传播本作品的行为；歪曲、篡改、剽窃本作品的行为，均违反《中华人民共和国著作权法》，其行为人应承担相应的民事责任和行政责任，构成犯罪的，将被依法追究刑事责任。

为了维护市场秩序，保护权利人的合法权益，我社将依法查处和打击侵权盗版的单位和个人。欢迎社会各界人士积极举报侵权盗版行为，本社将奖励举报有功人员，并保证举报人的信息不被泄露。

举报电话：（010）88254396；（010）88258888

传　　真：（010）88254397

E-mail：dbqq@phei.com.cn

通信地址：北京市万寿路173信箱　电子工业出版社总编办公室

邮　　编：100036